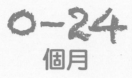

0~24 個月

國內第1本專為素食寶寶
量身規劃營養美味食典

暢銷修訂版

素食寶寶
副食品營養全書

1~2Y

10~12M

5~7M

7~9M

楊忠偉　台中慈濟醫院營養組長
陳開湧　台中慈濟醫院營養股長
楊惠貞　大愛電視台製作人
林志哲　金牌主廚　◎合著

新手父母

贏在起跑點，嬰幼兒素食密笈

醫學研究早已證實，吃素有益健康，好處多多，但仍有不少人存有迷思，始終未能踏上健康之路，更不用說讓襁褓中的嬰幼兒吃素。

《素食寶寶副食品營養全書》一書，一步步指導家長學習讓子女從嬰幼兒階段起接受素食，早早建立良好健康飲食習慣，是父母給孩子一生最好的禮物，內容多元而紮實，非常值得一看。

不少家長自己素食，但對讓嬰幼兒吃素卻疑問很多，其實醫療研究顯示，吃素者發生心臟病的比例，可減少到三分之一左右；癌症發生機會也可以減少大概一半左右；尤其因為吃素，纖維素的量比較足夠，能讓體內大腸做好排毒，也能在降低大腸直腸癌罹患率得到很好的效果；另外也能減少糖尿病發生率將近一半。

大家都知道台灣人的營養過剩，依政府營養指標計算，台灣體重過重的人數趨近於二分之一，很多小朋友年紀輕輕已經長成體重過重的小胖子，這是因為植物性的蛋白質供給已經很足夠，額外的動物性蛋白質反倒造成很多小朋友營養過剩的主因，而且小朋友吃蛋奶素比較沒有營養均衡問題，家長根本不必擔心孩子吃素不利發育。

本書作者包括臺中慈濟醫院營養師楊忠偉及陳開湧等營養組同仁，他們都是兼具人文情懷的專業人員，寫書的初衷正是要幫助想了解如何帶領嬰幼兒子女進入素食世界的爸媽。這本書等於是提供家長一張簡易地圖，牽著家長的手從最基礎的介紹逐一認識嬰幼兒副食品，甚至建議需要哪些工具、在成長各階段要注意的事項，循序詳實說明，讓我也彷彿重回自己陪伴孩子成長的時光，如果當時有這樣的書，一定能省掉很多摸索時間。

破除一般人對素食飲食的迷思，建立正確的茹素飲食觀念，尤其是嬰幼兒乳前就開始攝取素食副食品，及早建立良好飲食習慣，將成為伴隨孩子健康成長的重要一步，這也是本書最大的貢獻。

臺中慈濟醫院院長　簡守信

初為人父的金牌主廚，
愛與喜悅的真心分享

晚上九點左右，我來到學生實習的餐廳，等待學生碰面的時候，我透過辦公室的攝影畫面看到志哲蹲在地上處理鮮魚……

志哲來跟我寒暄：「明天桌數多，要先把材料處理好才來得及，稍後他還要去台北學蔬果雕……」

這個背影烙印在我腦海中，至今鮮明。

教書二十多年，交會的學子何止百千，但已經畢業十年的志哲一直是讓我掛念和驕傲的學生。掛念著他那拚命三郎似的學習和工作的生活，身體是否強健？驕傲的是他對理想的堅持、投入和不斷擴充學習領域後展現出多元的成就。

志哲對廚藝的熱愛和學習的熱忱，是每位接觸過的師長都非常稱許肯定的，更難得的是當多數人都還在學習一般的廚技，志哲已經努力練習取得中餐的專業廚師乙級證照，而這只是一個起點，2002 年當國際廚藝比賽風潮尚未興起，志哲已在高餐師長的指導下與世界專業廚師競技贏得世界金牌的榮耀。

志哲從學生時代就對自己的廚藝生涯有宏遠的規劃，加深拓寬自己在廚藝相關方面的能力，舉凡蔬果雕刻、中西餐、烘焙、素食、攝影、文學……等，都有深入的研究和專業的能力，所以從在學期間開始便成為美食雜誌或書商邀約製作食譜的對象。畢業後除了專職的廚師外，也常常利用時間回到高中母校協助學校的教學與書籍製作；如此不忘本的學生更是少數中的少數。

而今他從開口只會談論菜色的男孩進階成為滿口爸爸經的父親了！我內心中的欣慰感就如自己的孩子成家立業般的開心，而這本嬰幼兒素食副食品食譜相信定充滿了志哲初為人父的愛與喜悅，透過他細心巧思的設計且考慮一般父母簡單快速的需求，相信這本幼兒食譜定能幫助新手父母們度過孩子的成長期。想給孩子們更多的愛與陪伴，就從這本書開始吧！

國立高雄餐旅大學中餐 · 廚藝學院院長 **楊昭景**

素食寶寶的第一餐，
影響一輩子的食用書

劉珍芳

　　在我們整個生命期中，有三個階段是生長發育最快的——懷孕第三期、出生後的第一年及青春期。其中，出生後的第一年，即一般說的「嬰兒期」，是生理、心理、社會等層面變化最大的一階段，也是營養素需求最多、影響日後飲食習慣及喜好的關鍵階段。

　　在這個階段中，隨著寶寶快速的成長，飲食也跟著本來以母乳或配方奶為主的型態，慢慢轉變成為與成人一樣的飲食型態。在這轉換之中，除了飲食營養的層面之外，也有著生理、心理、社會等層面的重要意義。此時，爸媽及照顧者扮演著重要的角色，其個人的飲食習慣與行為都將影響到寶寶日後的飲食習慣與喜好。

　　隨著飲食型態的多元化、對生活環境的關懷或個人的選擇等，大家對飲食的選擇也不再局限於傳統的思維，「素食」、「蔬食」漸漸成為另一種飲食型態的選擇。食材的「均衡」、「多元化」及「搭配得宜」是構成素食飲食型態重要的元素。

　　市面上有關寶寶「素食餐」的書籍與資料並不是很多，但這方面的知識卻非常重要。這本素食寶寶副食品全書，由專業營養師設計、金牌廚師分享料理，兼具了理論與實務，並且特別重視食材的選擇與搭配，使得素食寶寶不但吃得安心與衛生，也獲得均衡及足夠的營養素。

　　書中收集許多爸媽對於「素食飲食」及「日常生活照顧」方面的可能疑惑，利用Ｑ＆Ａ的方式來導入及剖析問題，讓素食爸媽及照顧者在輕鬆中學習與執行，是本極為「食用」與「實用」的參考資料。

　　製作寶寶副食品對本人而言，已是20幾年前、非常遙遠的事，相較於20幾年前，現在可以選擇的資訊多且發展迅速。著實樂見許多營養界新秀願意將其累積多年的實務經驗，發揮其專業與創意，與大家分享營養、飲食的正確概念。養成良好的飲食習慣與行為是一輩子的事，讓我們大家一起為繼起之新生命的健康及生活的環境而努力。在此，本人給予本書真誠的推薦。

長庚科技大學保健營養系・教授　劉珍芳

為素食寶寶的健康把關

「千萬別輸在起跑點！」這句話指的應該是孩子的健康吧！

但是養育一個健康寶寶還真是不容易，尤其是忙碌的現代父母，因為早已養成長期依賴方便食品，所以更是困難。

回想我家女兒阿靖小時候，就是輸在寶寶時期。當時最方便的斷奶副食品是超市內賣的進口 baby food，各式口味，只要打開瓶蓋，拿支湯匙，我就輕輕鬆鬆把阿靖餵飽啦！而且傳統的觀念要給孩子多吃肉，所以就算自製副食品八成也都是肉食，怎知道這種吃法後遺症真是大！所以讓女兒阿靖從小到大無論是「三比八」或是「大摳呆」等等時期都是體弱多病，直到後來，她是靠自己花了比一般人多好幾倍的心血和力量才成為健康馬拉松跑者。如果當年我這個做媽媽的多花點心思在阿靖的寶寶時期副食品上，幫她打好基礎就不用讓她成長的這麼辛苦了。

雖然現代父母有很多資訊管道了解營養學，也了解蔬食的營養與安全大過於肉品，但是寶寶的蔬食副食品料理該怎麼製作？何種蔬食在何時吃？寶寶的攝取量是多少最合適？……種種疑惑都可以在這本書找到答案。

現在外面的食品各式各樣琳瑯滿目，除了營養不完全，更有許多原料不安全，所以千萬別給家中寶寶吃外食、重肉食，應該好好地照著書中的營養知識和料理方法，為小寶寶的健康把關喔！

資深藝人 譚艾珍

另一個世界，可能更美好

蘇 小歡

　　有段有趣的說法。某位親友質問一對素食父母說：「你們自己吃素就算了，不應該現在以無肉的方式餵養小孩，應等小孩長大到二十歲，有了自己的判斷，再由他自己決定要不要吃素。」

　　小孩的父親回答道：「我的想法正好相反。正因小孩不懂，我覺得我們應該現在就以素食餵養小孩直到他二十歲，有了自己的判斷，再由他自己決定，要不要去吃肉。」

　　這真是兩種完全不同的思維。小孩的父親說得沒錯，如果那位小孩長大後覺得吃素的一生才是對的，在他二十歲以前讓他吃肉，豈不是害他？那前二十歲的錯誤，也已無法追回。

　　目前在地球，吃肉還是主流思想，但不要忘了，所謂的主流思想，常常在幾百年甚至幾十年後，就被證明不是一個聰明的想法，比方以前的希特勒想以武力橫掃歐洲，比方以前覺得餵食母奶是不必要的，比方以前覺得同性戀者是巫婆須處死，比方以前覺得化肥是人類的救贖。

　　想像另一個世界，比方說在外星球上的另一個社會，人們全吃素（根本不認為肉是一種食物），和諧相處；有多餘的精力，上山下海去探險，可以做的事還很多，不必動輒以暴力互相傷害或威脅；這種社會，不必像目前的非洲和中東一樣，烽火連天，還有很多人流血、受苦。

　　以上是舍下以素食餵養家中兩個兒子的基本想法。舍下小孩目前一位180公分，正在當兵，服「研發代替役」；一位190公分，今年會上大學。過去他們不但不吃肉，蛋也不吃；近幾年，舍下更執行「純素」，連牛奶也免了。

　　說這些，只是提出另一種思維供讀者諸君參考。感恩出版社和台中慈濟醫院的營養專家策劃此書，在「思想」之外，提供了進一步的營養學理和實際餵食方法，讓以素食餵養小孩的父母，更安心，更知道如何動手去執行。

台灣週一無肉日聯絡平台・發起人　蘇小歡

素食陪伴寶寶成長、
奠定健康飲食的黃金基礎   楊忠偉

　　自己為營養師且是家中親友孩子的叔叔（舅舅），對於孩童的照護也不算陌生，記得嫂嫂的大兒子從月齡 6 個月放心給這個營養師叔叔照料，副食品的烹煮及選擇，的確會讓人百般煩惱，甚至是可以越方便越好。照顧他的過程的確訓練了耐心與考驗，也多了營養師用心。

　　一位營養師提供照護民眾營養，宣導健康飲食觀念，推動社區營養的計畫，因著我的職業，可以發揮營養膳食良能發揮，讓我感受為人服務的快樂。素食飲食（營養）常讓人有偏頗的觀念，況且又碰到媽媽、婆婆的千叮嚀、萬交代，總是讓身為新手父母的你左右為難、傷透腦筋？家中有新生命的報到後，身為父母總是會憂心著孩子的成長各種問題，尤其是寶寶的營養與健康，更是每個父母最關心的議題。隨著寶寶一天天長大，有很多父母擔心讓孩子吃素容易營養不足，對於不吃肉，總是有個不安全感，總擔心吃素會造成營養不良；又或者是要該如何補充營養？

　　本書首創將素食營養融入寶寶的副食品中，系統的歸納出嬰幼兒各階段月齡及提供素食副食品可能會遇到的情況及需要特別補充的營養攝取，以及營養貼心小叮嚀；同時搭配專業廚師製作營養又美味的素食營養食譜，提供給寶寶滿分的素食營養照護。

　　掌握素食基礎觀念，讓寶寶吃素，絕對可以比一般孩童還健康，讓每個素食寶寶都能營養滿分，相信新手父母能感受到寶寶在均衡的素食營養環境下成長的喜悅，藉由奠定孩童健康飲食黃金基礎，守護素食寶寶的營養健康，也是對我自己的期待。

　　感謝本院公傳室與素食食譜領域的楊惠貞接觸，謝謝營養師陳開湧撰寫其他月齡部分，多次雙向溝通與修改，才能讓本書增加可看性及理想，感恩鈞長為本書撰寫推薦序，讓本書更具有存在的價值與意義。

台中慈濟醫院營養組組長　**楊忠偉**

人生的第一口食物可以素！

楊惠貞

　　自己開始素食將近四年了，至今並沒有發生一般人剛素食時的諸多身體健康狀況，比如說因為隨便吃而變瘦；或者是因為容易肚子餓而吃過多，因而變胖。我的飲食生活一如往常，但因為少了葷食的堆積，身心靈都更加地輕安自在。

　　這幾年，愈來愈多人投入素食行列，跳脫以往阿公阿嬤因為宗教而吃素的刻板印象。他們素食更多是因為環保，為了減少碳排放，為了解救地球；他們素食，更多是為了動物保護因素，因為實在不忍心小動物們為了自己的口腹之慾而發出的哀鳴。

　　這麼多人的努力，如今，全台灣各地大小的素食餐廳有六千多家，許多國外媒體也來台灣採訪素食的發展與演變，台灣儼然成為全世界素食的發源地。

　　大人可以素食，但是小孩呢？

　　因為製作節目接觸了幾位胎裡素的孩子，發現他們生命中從來沒有出現過肉食，但是一樣健康有活力，甚至成為馬拉松長跑者，體力與耐力完全不輸葷食者。於是我開始動腦發想，寶寶的第一口食物難道不能是素食的嗎？在與營養師討論後，發現這是可行的，於是有了這本針對寶寶副食品的素食食譜書誕生。

　　寶寶是真的可以吃素的，只要不偏食，營養均衡，他們可以因為健康的素食讓身體乾淨，快樂成長，頭好壯壯。

　　書中依照寶寶成長狀況，分階段討論，讓媽媽清楚知道每個階段孩子成長的生理狀況，並設計食譜。每一道料理，都是針對寶寶成長的營養需求所設計，並且有專業營養師給予專業意見，讓寶寶們的素食副食品絕對是營養、健康又美味。

　　我期待每位寶寶都能從人生第一口非乳品的食物中，就開始感受長自大地的食材有多麼豐美，進而幸福地啟動與自然相親的生命旅程。

大愛電視台製作人　**楊惠貞**

素食寶寶的健康成長，新手爸爸輕鬆做羹湯！

回想起初為人父那一刻——當護士從產房抱了個小寶寶交放在我手上，內心百感交集竟頓時手足無措……

與許多新手父親一樣，我也是從寶寶出生後才驚覺到「我做爸爸了」！也才開始學習如何為人父。

由於工作的關係，我總是早出晚歸，照顧孩子的重擔就落在另一半身上，只有在難得的休假時才能稍稍幫孩子的媽一點點小忙，心想有什麼是我擅長又能分擔孩子的工作呢？

我是個廚師，最熟悉不過就是烹飪了，在寶寶還只能喝奶奶的時候，我已開始研究他即將要開始接觸的副食品，利用閒暇拜讀無數相關的著作與專業報導，當寶寶可以食用乳品以外的食物時，我便嘗試著做一些副食品，希望寶寶能從飲食中感受到父親的愛，而且除了讓自己的寶寶品嚐以外，也分送給同時期有孩子的朋友們，從中也獲得許多掌聲，甚至連大人都覺得孩子吃的食物十分好吃呢！

由於我休假日不多，平日工作時間又長，如何能快速且方便製作，又能保存最多營養——是我做副食品最大的挑戰，於是我從器皿、食材質地、料理手法等方面入手，研究出副食品製成的料理要訣，不但自己能在極短時間中快速製作，平日另一半也能依循這些要訣輕鬆地為我們倆的寶貝準備營養美味、有利成長的副食品。

這一次，透過大愛電視台製作人楊惠貞姐姐的穿針引線下，有此善緣與台中慈院的專業營養師合作，發展出這本以素食為導向的嬰幼兒成長食譜，希望讓更多人看見素食對寶寶成長的美好，新手媽媽絕對可以安心且輕鬆製作，新手爸爸也能在嘗試為孩子做羹湯時得到難以言喻的快樂！

宜蘭武暖食肆店主廚　林志哲

目錄

課前篇 PART 1 　關於寶寶的**副食品**

課前篇 PART 2 　關於寶寶的**素食**副食品

課前篇 PART 3 　為寶寶製作**素食**副食品的課前準備
——器具的準備、安全使用法 &
副食品的製作準則、餵食準則

目 錄

[課後篇 PART 8] 寶寶**生病時**的飲食照護

課前篇
PART 1

關於寶寶的副食品

　　歷經生產的艱辛過程，寶寶終於平安來到世間。在大家滿心期待，媽媽含辛茹苦，努力照養，而寶寶也在最優質食物——母乳的餵養之下，努力長大。但是，隨著寶寶一天天茁壯，當他成長到 4 ～ 6 個月的時候，單靠母乳已無法給寶寶最完整的營養，此時，該是為寶寶準備「副食品」了。

爸媽第 1 問

什麼是「副食品」？
補充副食品真的有這麼重要嗎？

母乳或配方奶外添加的食物

「**副食品**」就是相對於嬰幼兒主食而產生的「相對名詞」。

一般而言，指的是在母乳或配方奶以外添加的食物，雖然說也是為斷奶前做的準備，但並非就是將奶類完全排除，因為斷奶其實是一種過渡階段，隨著寶寶年紀增長，他們喝奶的頻率及總量本就會逐漸減少，而副食品則會逐漸增加，慢慢轉換過渡，最後寶寶可以離乳，完全轉換成和成人一樣的飲食。所以也有些人會將「**副食品**」稱作是「**離乳食品**」。

副食品的 5 個重要功能

副食品之於寶寶，扮演著相當重要的角色，除了能提供足夠的營養，還具有增加寶寶抵抗力以及為離乳作準備……等。總括來說，副食品具有以下重要功能：

(功能 1) 更充分的提供寶寶生長發育各階段的「熱量」和「營養補充」

人體生存所需是以成人的食物形態來提供全方位的營養。

因此，當寶寶成長到了 4 個月大，就該開始餵食副食品，才能補充母奶和嬰兒配方奶粉所不足的養分，如：鐵、鋅和銅……等微量元素，有了這些必要養分，寶寶身體的各器官、語言能力、身體平衡、牙齒骨骼、腦部……等也才能健全發育。

(功能 2) 增加寶寶抵抗力

均衡攝取各種營養，能幫助寶寶有效對抗病菌，減少生病機率。如：攝取蔬果，增加維生素 C，可預防感冒，有助傷口癒合；維生素 A 能保護細胞黏膜，增進抵抗力。

各種豆類和深綠色蔬菜皆富含鐵質。

關於寶寶的副食品

不要因為怕小寶貝吃得滿臉、全身，就將副食品放在奶瓶中讓寶寶吸吮。

至於鐵質，則可攝食各種豆類、黑芝麻、黑棗、深綠色蔬菜等，寶寶就會臉色紅潤、不貧血。

功能 3　為寶寶離乳做準備

寶寶在 4 個月大前，胃腸機能還很脆弱，主要的食物為母奶和嬰兒配方奶，從 4 ～ 6 個月大後，可以開始餵食副食品，並且用漸進的方式，讓寶寶慢慢習慣固體食物，同時訓練寶寶的胃腸逐漸適應接受成人的食物形態和口味。

功能 4　訓練寶寶口腔臉頰肌肉發展，提升將來咀嚼、吞嚥與語言能力

透過漸進式的副食品餵食，讓寶寶慢慢習慣咀嚼，除了可以開始學習成人吃食的方式，也在咀嚼食物的同時，寶寶的口腔臉頰等部位的肌肉也得到訓練，進而同步提升了將來咀嚼、吞嚥與語言等能力。

所以千萬記得——不要貪圖方便、迅速或怕小寶貝吃得滿臉、全身、一屋子髒亂，就將副食品放在奶瓶中讓寶寶吸吮，最好能以湯匙餵食！以免寶寶日後對咀嚼、吞嚥產生排拒現象。

功能 5　各種口味的嚐試，避免日後偏食的情況產生

要有完整且均衡的營養，就必須對各種口味的食物都不排斥。因此，在開啟副食品的餵食時，應當慢慢的加入各種口味的食物，讓寶寶慢慢且自然的接受，就能避免寶寶長大後因偏食而致營養攝取有所偏頗與不足。

漸進式的副食品餵食，可以訓練寶寶的口腔臉頰等部位的肌肉。

母乳哺育應該到何時為止？何時才是開始讓寶寶吃副食品的最佳時機？

母乳哺育可持續到 2 歲以上

根據世界衛生組織以及聯合國兒童基金會所出版的全球嬰幼兒餵食策略中曾提到：「支持純母乳哺育四個月，之後適時並正確安全的給予副食品，持續哺乳至兩歲以上。」

美國小兒科醫學會也建議純母乳哺育，之後添加適當的副食品，可以持續哺乳到 1 ～ 2 歲或者以上。另外，台灣兒科醫學會則是建議母乳或配方奶哺餵 4 ～ 6 個月之後，開始添加副食品。

再從生理學的觀點來看，胃腸消化道中的胰臟是負責消化最重要的器官之一，嬰兒出生至 4 ～ 6 個月大時胰臟才會發展成熟，像澱粉、蛋白質、脂肪較多的食物，要在這個時期之後才能有良好的消化吸收能力。所以**副食品的添加應該在 4 ～ 6 個月之後為宜**。

但究竟是 4 個月就應餵食副食品，還是要等到 6 個月再開始？但若以純母乳哺育，則哺育的時間不宜超過 6 個月，因為若超過 6 個月之後還繼續純母乳哺育者，卻沒有適量副食品補充，寶寶會有營養不良的危機。

當寶寶成長到 1 歲以後，可依據母親和寶寶的意願與需要來決定是否繼續哺餵母乳。

判定開始餵食的副食品最佳時機，可依據以下的專家建議──

＊當寶寶每天攝取奶量超過 1000CC 的時候。

＊體重是出生的兩倍重。

＊看大人吃東西時表現出很有興趣，而且會想要伸手來抓，抓了後會放進嘴巴裡。

＊頸部能夠挺直，可以維持坐姿不會有頭部支撐不住的晃動。

＊當大人使用湯匙餵食食物時，寶寶的舌頭不會一直將食物頂出等身體生理表徵出現時。

爸媽第 **3** 問

寶寶成長到不同月齡，
副食品的補給要如何變化？

台灣兒科醫學會嬰兒哺育委員會根據目前已有的實證研究，並參考國情，對哺育嬰兒中添加副食品提供了一些重要的建議給爸媽們。

0 ～ 3 歲寶寶腦部成長超快速

寶寶一天天長大，身長、體重和頭圍也都在改變中，大腦、消化道和肌肉功能，都有快速發展。一般來説 4 ～ 6 個月的寶寶，腸道消化以及吸收蛋白質、脂肪和碳水化合物的能力正快速發展，腎功能也比較健全；加上寶寶睡眠時間逐漸減少，活動量跟著增加，光喝母奶或配方奶粉已經不足夠應付生長發育所需的每日熱量；更有些寶寶會在這時進入所謂的「厭奶期」，出現奶量減少或是不肯喝奶的現象，此時就需要副食品的提供，以免寶寶營養不良。

而且寶寶出生 8 個月，腦重量就增加 3 倍，3 歲時再增 3 倍，5 歲時就約是成人的 90%。從腹中胎兒到滿 3 歲時，寶寶的腦部發育是特別快速，所以這時候要非常注意營養均衡，並適當的提供

富含 DHA 及 EPA 的食物。

4 ～ 6 個月是副食品的適應期

基本上，當寶寶 4 ～ 6 個月大是副食品適應期，重點是寶寶願意吃。曾有研究發現，太晚給寶寶副食品反而增加過敏傾向，所以，無論如何，最遲在 6 個月大，寶寶都要開始吃副食品。

7 ～ 9 個月是副食品的訓練期

到了 7 ～ 12 個月大，則是寶寶副食品的訓練期，要讓寶寶嘗試更多不同種類的食物，避免日後偏食的產生。此時，副食品也提供寶寶一天 1/3 的熱量。

不同月齡，副食品的建議標準

不同月齡的寶寶因為身體各方面生理機能的成長不同，提供副食品的型態種類、餵食的方式和餵食的份量也就都不一樣。關於寶寶副食品的增加與變化，素食爸媽可以依照行政院院衛生署寶寶飲食指南作為參考依據。

不同月齡階段，寶寶副食品建議
（資料來源：參考行政院衛生署）

月齡	4～6個月	7～9個月	10～12個月	1歲以上
配方奶或母奶	5次	4次	1～3次	
副食品質地	液狀 稀泥狀	泥狀 舌頭可壓碎的硬度	半固體 牙齦可壓碎的硬度	寶寶好吞嚥即可
餵食次數	每日 1 次	每日 2 次	每日 3 次	
五穀根莖類	嬰兒米粉、麥粉用開水調成糊狀 由 1 湯匙慢慢增加至 4 湯匙	米粉或麥粉稀飯、麵條或麵線、吐司麵包、饅頭 任選： **2.5～4 份** 1份＝稀飯、麵條、麵線 1/2 碗 ＝吐司 1 片 ＝饅頭 1/3 個 ＝米粉、麥粉 4 湯匙	米粉或麥粉稀飯、麵條或麵線、吐司麵包、饅頭、乾飯 任選： **4～6 份** 1份＝稀飯、麵條、麵線 1/2 碗 ＝吐司 1 片 ＝饅頭 1/3 個 ＝米粉、麥粉 4 湯匙 ＝乾飯 1/4 碗	各種飲食應均衡攝取

月齡	4～6個月	7～9個月	10～12個月	1歲以上
水果類	將汁擠出，加等量開水稀釋。 **由 1 湯匙開始慢慢增加，最多加至 2 湯匙**	水果用湯匙刮成泥狀 **由 1 湯匙慢慢增加至 2 湯匙**	果汁或果泥 **2 ～ 4 湯匙**	三餐與大人同吃，早上 10 點，下午 3 點或睡前可給主食、水果或牛奶等點心
蔬菜類		將綠色蔬菜、馬鈴薯或胡蘿蔔等煮熟搗成泥狀。 **由 1 湯匙慢慢增加至 2 湯匙。**	切碎、煮爛 **2 ～ 4 湯匙**	
豆蛋類		蛋黃泥 （一天最多一個） 豆腐、豆漿。 **任選：1 ～ 1.5 份** 1 份＝蛋黃泥 2 個 　　＝豆腐 1 個四方塊 　　＝豆漿 240CC	蒸全蛋 豆腐、豆漿 **任選：** **1.5 ～ 2 份**	

 溫馨小提醒

準備開始給寶寶餵食第一次副食品的注意事項：

＊ 第一次 1 湯匙就好，並且邊吃邊觀察。

＊ 寶寶若不喜歡，要找出原因，並加以改善。

＊ 請爸爸媽媽放輕鬆，寶寶的心情跟吃副食品的進度都會慢慢的發展很好，千萬不能操之過急！

關於寶寶的**素食**副食品

　　每個人長大後的飲食喜好及飲食選擇，絕大部分是從幼年時期開始承襲自親人或主要照顧者的飲食習慣。

　　因此，對於素食的爸媽來說，為心愛的寶貝準備成長所需的副食品，自然會期望能夠以素食為優選，然而素食副食品是否能完整無虞地提供成長正活絡的寶寶所需要的營養？相信是所有素食爸媽心頭上最最關心的事！

寶寶的副食品補給，素食行不行？

一般而言，寶寶從 0 歲邁向 1 歲，除了身長、體重和頭圍改變，大腦、消化道以及肌肉功能都有快速發展，需要的營養及熱量也隨著月齡而有所增加，必須透過飲食來獲取足夠應付生長所需的營養素。

掌握好原則，素食副食品健康吃

所以對素食父母來說，只要能掌握均衡飲食，注意到一些原則，例如——

注意維生素 B12、Omega-3 脂肪酸的攝取，因為 Omega-3 是幫助腦部發育很重要的關鍵，維生素 B12 能維護神經組織的構造和機能，所以孩子在腦部及神經系統的發育過程中，維生素 B12 及 Omega-3 攝取一定要充足。

同時也要注意鐵質等營養的攝取，因為鐵質有幫助造血功能，還具有維護腦神經系統的發育與功能，缺鐵會不利嬰幼兒的腦部發育，所以也很重要……

掌握了飲食調配原則，並依據各成長階段的建議量及飲食指南為最佳參考的依據，就能提供正確的素食副食品給不斷在成長發育小寶寶。

留意寶寶成長與吃東西的情況

此外，要留意的是——如果寶寶體重停滯，或是吃的情況愈來愈差或不均衡時，就應求助於醫師和營養師，並確實遵循其專業的建議。

嬰兒期各階段的營養需求

年齡	身高（公分）		體重（公斤）		熱量	蛋白質
	男	女	男	女		
0-6 個月	61	60	6	6	100 大卡 / 公斤	2.3 克 / 公斤
7-12 個月	72	70	9	8	90 大卡 / 公斤	2.1 克 / 公斤

＊ 100ml 的母乳約提供 75 大卡熱量；每 100ml 的配方奶可提供 67 大卡熱量。

＊ 3 公斤的新生兒喝母乳需要 400ml；喝配方奶需要 448ml。

關於寶寶的素食副食品

爸媽第 **5** 問

成長中的素食寶寶
要如何補充所需的營養素？

　　從寶寶需要開始添加副食品來補充母奶或調配奶所不足的營養，想以素食食材來餵食，以下幾項對寶寶成長較為重要營養素，是素食爸媽需要特別注意——

蛋白質

　　全素飲食的蛋白質來源為豆類及其製品、澱粉類食物或堅果類和麵筋類製品；而蛋奶素食則多了動物性蛋白質來源——蛋類、奶類及其製品。

　　早期的研究中認為豆類蛋白質中的胺基酸比例屬於「不完整胺基酸」，容易造成蛋白質利用時的缺失。但近年的研究卻發現，豆類蛋白質利用性不但足以應付身體建造或修補組織所需，對於腎臟的負擔更遠小於動物性蛋白質的傷害。所以，素食副食品不只能提供寶寶完整且優質的營養，還更能少掉對寶寶器官的負擔與傷害。

　　只不過要特別提醒的是——麵筋類製品的蛋白質品質較差，較不建議單獨給予幼兒食用。

＊建議食物來源：「豆腐」、「蒸蛋」、「毛豆泥」或「豆漿」都是優質
　　　　　　　　　蛋白質來源。

蛋白質攝取量

	熱量需求	蛋白質
3 公斤的新生兒	3×100 ＝ 300 大卡	3×2.3 克 ＝ 6.9 克
4 個月大 6 公斤的嬰兒	6×100 ＝ 600 大卡	6×2.3 克 ＝ 6.9 克
12 個月大 9 公斤的嬰兒	9×90 ＝ 810 大卡	9×2.1 克 ＝ 18.9 克

松子

優質脂肪

寶寶腦細胞有 50% ～ 60% 為脂肪，適量攝取優質脂肪是有助於腦部細胞的發育。

在素食的食物中，優質的脂肪來源以堅果、核果類為主，要注意的是核桃、花生、松子、杏仁等核果類屬高度過敏原，在第一次提供此類的某一食材時，餵食量應從一湯匙開始，並且要小心觀察寶寶的生理反應，若寶寶沒有引發過敏反應，另日再將餵食量慢慢增加，並繼續小心觀查寶寶有無過敏反應。

亞麻仁

＊建議食物來源：南瓜子、核桃、松子和亞麻仁……等。

菠菜

鐵質

寶寶在 4 ～ 6 個月後，因生長快速，血流量增加，原本儲存的鐵質已經出現不敷使用狀況。當寶寶缺鐵時，就會出現疲倦、嗜睡、食慾降低、生長遲緩、認知力降低等症狀。

由於寶寶在此時對於鐵質的需求量大，因此建議素食寶寶自 6 個月大時，可以加入像是蛋黃、菠菜或毛豆等鐵質豐富的食物。

米精

一般來說，植物性的鐵質在體內吸收率本就較差，但植物性的食物中同樣也含有促進鐵質吸收的成分，如：維生素 C 及其他有機酸等，可適度的增加身體對於鐵質的吸收量。所以建議此時的副食品除了要補給富鐵質的食物，也一定要搭配適度富含維生素 C 的鮮果汁。

芝麻

＊建議食物來源：：蛋黃、菠菜、毛豆、米粉、米精、無糖芝麻糊。

維生素 B12

奶製品

維生素 B12 主要存在於動物性食物中，雖然蛋類及乳製品亦屬於動物性食品，但所含有維生素 B12 的量是非常微量。

而且維生素 B12 是造血不可或缺的一種營養素，因此，若在副食品中無法獲得足夠量的維生素 B12，寶寶就可能會出現貧血的問題。因此，為了確保素食寶寶不至於發生維生素 B12 缺乏的問題，可延長母乳餵哺期間或額外補充維生素 B12。

建議食物來源：蛋類、奶類及其製品。

番茄

維生素 D

維生素 D 和幼兒骨骼發育有關，若維生素 D 缺乏，會造成軟骨症。適當的日曬可使人體自行產生足夠量的維生素 D，因此建議餵哺母乳的媽媽應每日多接受日曬，以確保母乳中可提供足夠量的維生素 D。

建議食物來源：胡蘿蔔、菠菜、番茄、蛋黃。

海藻

鈣質

鈣質是骨骼與牙齒發育不可或缺的營養素，亦能幫助神經傳導，穩定情緒。因此，建議在寶寶副食品裡加入深綠色蔬菜、豆類等。

豆製品

建議食物來源：蔬菜、海苔海藻類、豆製品、深綠色蔬菜、黑芝麻、黃豆類等。

為寶寶製作**素食**副食品的課前準備

——器具的準備、安全使用法 &
副食品的製作準則、餵食準則

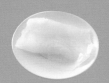

　　開始要幫寶寶準備副食品之前，當然要把一些製作副食品的工具準備好，不但做起事來順手又方便，寶寶也可以安全無虞地享用營養又美味的副食品。而且為了引起寶寶對食物的興趣，素食爸媽們通常會幫寶寶準備各種色彩鮮艷又可愛的餐具，然而這些用來吸引寶貝進食的餐具是否安全呢？

　　所以如何選購安全無毒且實用的副食品器具與餐具，是素食爸媽們第一重視的事，也是讓寶寶吃出身體健康、頭好壯壯的第一步。

副食品製作和保存器具
如何才能安全無毒？

多功能食物研磨（泥）器 是依寶寶離乳階段需要而設計的，例如可以將蘋果等食物磨成泥，這樣細碎的質地才能符合寶寶飲食需求，對於新手的爸媽操作來說可說是簡單又容易上手，目前市面上均採用無毒塑膠材質製造。

另外，廚房中各種的磨泥器也都適用，如：馬鈴薯壓泥器。

榨汁器 是一種很簡單立即手動可以榨出果汁的工具。

果汁機＆電動攪拌棒 可依家中寶寶月齡需求，製成符合寶寶需求的飲食質地，是一種方便實用的工具。和電動攪拌棒都是將食材攪拌成泥狀及末狀的好幫手。

選購時，以容易清洗、刀片耐熱和使用安全性為選擇的考量。

磅秤 使用於秤量寶寶食物份量的工具，建議以「電子秤」為宜。

量杯 量杯材質可分為「玻璃」、「不銹鋼」幾種，一杯容量約為 240 cc，通常可用來裝牛奶、豆漿等液體，方便操作。

量匙 適用於量取份量較少的粉狀或液態食材，主要是因用磅秤較不易量取。

依照大小，大部分為 4 支大小不同的量匙為一組——1大匙（15 cc）、1小匙（5 cc）、1/2 小匙（2.5 cc）、1/4 小匙（1.25 cc）。

量秤換算表

* 1 **杯** =240 公克（cc）
* 1 **湯匙** =3 茶匙 =15 cc（也有的會將湯匙標示成大匙、茶匙標示成小匙）
* 1 **台斤** =16 兩 =600 公克
* 1 **兩** =37.5 公克
* 1 **公斤** =1000 公克

濾網 建議最好同時準備粗孔及細孔，並且要注意網篩的材質是否耐酸和耐熱。

食物剪 適合寶寶 11 個月以上開始適應固體食物的好工具，建議使用不銹鋼的剪刀，或是塑強化、耐熱且通過國家認證的安全剪刀，才不會有塑化劑等環境賀爾蒙的問題，也才可以整支丟入沸水消毒。

平底鍋 以不沾鍋並附蓋子為選購標準。平底鍋不僅可用來做菜，還可以來製作點心，舉凡鬆餅、可麗餅……等都是需要平底鍋才能做出來的。

單柄小鍋 快煮快熱，是煮粥、煮湯、煮麵和燙青菜的好幫手。

電子鍋和電鍋 屬家庭常備品，可全家共用，不需特別再為寶寶準備一個。可烹煮主食或蒸煮其他食材至熟透或軟爛。

玻璃保鮮盒或不銹鋼保存盒 附密封蓋，可放入冷凍保存，取出時可在室溫解凍後再加熱。

製冰盒、保鮮袋 方便分裝粥品、高湯，除了選擇需要的容量之外，封蓋和防漏，以及材質也都要列入考量。

保溫食物罐 可保溫副食品數小時，方便外出時使用。

❄ 溫馨小提醒

※ 保存副食品的容器，建議選擇玻璃或不銹鋼製品，如此可以免去塑化劑等環境賀爾蒙對寶寶身體健康的危害，也方便製作時可放入電鍋或烤箱加熱時使用。

如何選購安全無毒的副食品餐具？

餐具選購的共同原則

* **餐具顏色**——以白色或素色、淺色為佳。不但可以更彰顯食物的原色，同時能避免餐具的色彩被釋出而使寶寶的食物受到污染。

* **餐具製造材質**——挑選具有標明耐熱溫度，並且耐摔、防滑，且一定不含環境荷爾蒙、無毒的材質為主。

* **餐具大小**——寶寶嘴巴大小能入口，以及小手握力能抓握的為宜。

杯子

一歲前的寶寶，可選購搭配吸管的杯子；一歲後開始訓練寶寶喝水，此時要選擇寶寶拿取沒有負擔，杯口大、杯身淺、把手雙耳的杯子，材質則是無毒耐用的不銹鋼杯為最好。

安全叉子

可以幫助寶寶吃的訓練。選購時注意把柄的寬度與長度，並且注意銳利端也需要圓弧設計以免戳傷寶寶。

為寶寶製作素食副食品的課前準備

34

安全湯匙

湯匙前端是圓頭的安全設計，把柄寬度是寶寶可以一手掌握的，且湯匙口徑大小也是寶寶能一口吞下的大小為原則。

餐盤和碗

最初大人在餵食寶寶階段，只要考慮到方便即可。但是，當寶寶七個月，要開始訓練自行用餐，此時餐碗選購一切以寶寶為考慮對象，建議有碗耳的為宜，且選擇耐摔及塑膠防滑等更為恰當。

圍兜

許多立體口袋圍兜，軟中帶硬，又有防水功能，輕洗和外出攜帶都方便，是寶寶用餐時防護衣物好幫手。

餐椅

餐椅可以訓練寶寶定時、定點的用餐習慣，選購時，注意大小是否寶寶適坐？是否有安全帶？是否容易傾倒？……這些安全性一定要考量。

　　此外也應一併顧及是否攜帶方便？材質上是否容易清洗和維護？……等。

❋ 溫馨小提醒

※ **寶寶最好有專屬的餐具與用具，避免與成人混用。**

※ 使用前後都要用熱開水消毒，並用天然無毒的清潔劑清洗。

※ 副食品製作、保存和餐具的消毒方法，一般可以採取煮沸或蒸氣消毒。「**煮沸消毒法**」──就是將待消毒的物品浸沒在水中，從水沸騰開始計算時間，一般約續煮 10 分鐘即可殺菌。

副食品的食材準備、料理及質地轉換的原則是什麼？

現代的素食爸媽，往往都要忙工作又要照顧家庭，即使如何，對於寶寶的每一餐，還是建議要親手料理，如此才能讓寶寶吃到新鮮、安全又健康的食物。

在準備及製作的過程中，應掌握以下原則──

選擇當季、在地的天然食材

可少掉化學農藥和肥料殘留的毒害問題。而且料理前，不管是料理工具、雙手，還是食材都要確保新鮮、乾淨和衛生。

天然原味，不添加調味料

拒絕任何如鹽、糖、醬油、味精等調味料，以免造成寶寶日後偏食，甚至身體健康機能的影響。

不同的成長階段，副食品質地也要適時轉換。

溫度要適當、種類宜多樣

熱後的食物必須再放至回溫後才可以給寶寶食用，避免造成寶寶細嫩的口腔以及腸胃道黏膜受傷。而且烹調後的食物，不可以放置在室溫過久，以避免食物腐壞。至於加熱的工具較不建議使用微波爐，因為微波食物較不利人體吸收與使用。

此外在種類的選擇上應多樣化，才能讓寶寶均衡的接觸各種食物。

濃稠度要剛好、注意質地的變換

製作完成的副食品要避免過乾或太黏稠，因為會讓吞嚥功能尚不完全的寶寶嗆到或噎到。

同時需依據寶寶的成長階段，副食品的質地也應有所轉換──4～6個月時，可以開始慢慢加入無硬塊、糊狀，並且搖動時候呈現液態會流動的食物；7～9個月時，可以吃泥末狀的食物；10～12個月的寶寶就可以吃丁狀或小顆粒狀的副食品。

為寶寶製作素食副食品的課前準備

爸媽第 **9** 問

準備副食品時份量要如何拿捏？
又要如何保存？

現煮現食，是爸媽在為寶寶準備副食品時最希望做到的，的確，能夠當餐現煮現食，寶寶所攝取到的自然是最新鮮的。只不過，現今父母大都是職場、家庭兩頭忙，要做到餐餐現煮現食，幾乎是不可能的，而且由於寶寶每一餐的副食品幾乎都是極其小份量，除了果汁、蛋品等必須現煮現食或因料理快速而無須預先儲存，大部分的副食餐點其實可以一次準備數天至一週的量，然後再依據該時段合適的餐點內容，將預先儲備好的副食品來做組合搭配，就能達到口味之變化與營養之均衡，因此，如何製配與保存這些食物就很重要！

〔生鮮食材的保存〕

室溫保存法

未完全成熟的香蕉、木瓜、奇異果等水果，以及胡蘿蔔、馬鈴薯和地瓜等根莖類蔬果，一定要放置室內陰涼處保存。使用前再切割適當份量，未使用完畢的部分則用保鮮盒移入冰箱冷藏。

冷藏室保鮮法則

基於衛生安全考量，冰箱內容物以 8 分滿為限，確保冷度的維持。

沒有清洗的蔬菜用白紙（不用報紙，避免鉛汙染）包好放入冰箱下層。並且，生食一定要放在熟食下方，以免蔬果灰塵汙染到熟食。

未成熟的水果和根莖類蔬果需置陰涼處保存。

賞味期限

豆腐和豆芽菜約 3 天；蔬菜類約 4 天；水果和切開後的根莖類蔬菜約 1 周。

將做好的副食品先分裝、冷凍好，每天再取出適用的份量，轉交給保母或爺爺奶奶。

〔副食品的製備與熟食的保存〕

寶寶專用的砧板與刀具

要為寶寶準備一份專用的砧板和刀具，而且生熟食要分開處理。

一次多份的料理方式

一次料理一定份量，若當餐就要餵食，就可先取出寶寶當餐食用量後，其餘分裝放入冷凍保存；若非當餐要餵時，可於食物完全降溫再一份一份分裝完成後，放入冷凍保存，待下次要餵食前取出一份回溫加熱。

這個方式很適合仍在職場的素食爸媽，只要利用假日或空閒時將寶寶的副食品準備好且分裝好，就可拿取每天搭配好的副食品，轉交給照顧寶寶的保母或爺爺奶奶，他們只需將食物回溫，就能讓寶寶享用到爸媽的愛。

和全家人的日常食物一起製作

餵食寶寶的副食品與全家人吃的食物，其實並無太大差別，只是要將食物料理得更加軟爛熟透，以符合寶寶可以接受的軟硬度，因此可以和全家人的日常食物一起製作，同樣從清洗食材開始，然後切割，再蒸或煮，最後媽媽取出要給寶寶的份量，剁碎或磨泥後才開始餵給寶寶食用。

寶寶的副食品可與全家人吃的食物一起蒸、煮，再取出需用的份量，磨泥後餵給寶寶吃。

熟食要先放涼才能分裝保存

若副食品屬於加熱料理的熟食，在製作完成後，應等食物放涼後，才用保鮮的餐具分裝，並確實密封後，才放入冰箱冷藏或冷凍保存，以免交互汙染及冰箱異味的產生。

保存前要先貼上標籤

　　每個需保存的食品都應貼上製作日期與品名，才能有效管理食物的賞味期限。

賞味期限

　　熟食冷藏保存應於48小時以內。若以冷凍方式雖可保存一週以上，但仍不建議存放太久，食物仍應及早食用完畢為宜。

冷凍庫保鮮法則

　　有些食材或食物，可以冷凍方式來保存，如：米糊、粥品和高湯類……等，於溫度已冷卻後，可用製冰盒或密封袋來分裝保存，日後再依寶寶每次食用量來運用，如 200CC、50CC和 30CC……等。

食物解凍有方法

　　食物經過冷凍儲存後，較不易保存新鮮與原味，所以切記不要反覆解凍，並且選擇正確解凍方法如：「**室溫解凍**」、「**流水解凍**」或「**電鍋解凍**」，使食物回復到應有的溫度。

保存前應貼上製作日期和品名。

可冷凍保存的食物用微型密封盒等器具來分裝保存。

食用時取出適當的份量解凍加熱。

餵食副食品要留意那些事項？

第 1 次餵食，只餵單一種食物

除了哺乳或餵食配方奶，開始要給寶寶提供副食品時，建議每次只餵單一食材的食物，而且要從少量開始餵食，濃度也應由稀而慢慢變濃。

每次餵食新的食物，要注意寶寶的生理反應

初始階段，雖然每餐只提供寶寶的單一種食材的食物，也要牢記——在寶寶接觸新食物的時候，生理上有無異樣，像是寶寶糞便及皮膚有無改變，如：腹瀉、嘔吐、皮膚出現塊狀紅疹等。

寶寶適應單一副食品後，再慢慢增加食物種類

最初的副食品混合搭配要單純，可以先從兩種混搭來開始變化，如：A+B、B+C、A+C……

3～5 天內，若寶寶對於混搭的新食物沒有生理上的異常反應，就可以再增加一種新的食物。若是有出現腹瀉、嘔吐或皮膚出現紅疹等症狀，要馬上停止這樣食物的的餵食，並且立即帶寶寶去看醫師。

不要一次給與過量的副食品

雖然副食品是補充嬰兒乳品的不足，並為寶寶開始成人飲食方式做準備，就算寶寶生理沒有任何不適，而且胃口又超級好，也不宜一次給與過量的副食品，仍應以每日的建議攝取量為餵食的標準。

一次只餵單一食物，濃度也要慢慢由稀變濃。

為寶寶製作素食副食品的課前準備

每餐都要給寶寶至少一種高營養密度的食材

所謂的「**營養密度**」，是指「營養成分」（公克）與「熱量」（卡路里）的比值。

在營養密度的公式中，以蛋白質、膳食纖維、鈣、鐵、鎂、鉀、鋅、維生素 C、維生素 B_1、維生素 B_2、維生素 B_6、維生素 B_{12}、維生素 A 及菸鹼酸、泛酸、葉酸等 17 項營養素做評比。

簡單的說，也就是在相同的熱量下，所含各種營養素的種類與含量的多寡；

能夠提供豐富的營養素，而相對熱量卻低的食物，就屬於「高營養密度的食物」。在所有食物類別中，以蔬菜類、水果類的營養密度最高，而在所有蔬果類的食物中，又以下列食物的營養密度最高：

· 芽菜──植物的種子儲存了足以孕育一株新生命的豐富營養，當種子開始萌芽，這些生長所需的營養便會被釋放利用。

· 生杏仁──富含單元不飽和脂肪，能夠幫助身體吸收有益的營養，並且在頭腦功能、增強體力等扮演重要的角色。

· 青花椰菜──富含維生素 C、維生素 A、鐵、葉酸、鉀、錳、維生素 K、鈣等營養。具有維持骨骼及牙齒健康、加強免疫系統、維持心臟健康等的作用。

· 莓果──藍莓、黑莓、櫻桃、草莓、葡萄、覆盆子、枸杞等，都是生活中常見的莓果。尺寸嬌小的莓果主要由水及纖維組成，為攝取抗氧化素的良好來源，具有低熱量、低糖分的特性。

· 包心菜／甘藍菜──屬十字花科，富含許多抗氧化的營養成分。

· 奇異果──是維生素 C 最佳攝取來源，同時擁有大量纖維及鉀。

此外，像是深綠色蔬菜、牛奶、乳製品、甜椒、木瓜、柳橙、糙米……等也都是此類食物的代表。

41

我要的不多，**簡單**就好

—— 4～6 個月素食寶寶副食品這樣吃最營養

寶寶從出生開始靠著喝奶奶成長到 4～6 個月，這個時期的他，消化系統已經可以慢慢消化稀泥狀的澱粉類食物，再加上母乳所含的營養素已經漸漸不能滿足寶寶發育所需，尤其是鐵和鈣，所以一定要補充副食品。

要記住的是——這時期的寶寶仍然是以喝母奶或配方奶為主，每天的餵食次數可以調整為 5 次，大約每 4～5 個小時餵一次，每一次的餵食量為 170～200CC。

適合 4～6 個月寶寶的
素食副食品種類有那些？

這個月齡，是寶寶要接觸非母奶或配方奶的開始。因此在第一次餵食副食品，建議選在餵完第一次奶之後，才餵以液體或是稀泥般的食物，如：米糊（較不易引發過敏現象），而且可選擇含鐵質的米糊來餵食，因為此時 4 個月大的寶寶其體內儲存的鐵質到這時候已快用完了，所以建議從副食品中來補充與強化鐵質。

此外，到了這個月齡，寶寶的舌頭從原本只能上下移動已慢慢發展到可前後捲動。因之素食爸媽可以嘗試每天一次用小湯匙餵食容易吞嚥的粥汁或稀釋果汁，讓寶寶練習與適應吸食小湯匙上的汁液，感受奶類以外的味道。

在餵食副食品的同時，要記得──邊餵要邊觀察寶寶的反應，千萬不要操之過急，否則容易造成反效果。

適合這個月齡的寶寶副食品以富含澱粉質的米湯、米糊、麥粉、南瓜泥；以及維生素、礦物質豐富的水果泥為主！至於其他富含纖維與多種營養的蔬菜與容易造成過敏的蛋白質食物（如：蛋品、豆類），則不宜在這個階段餵給寶寶吃。

全穀類的米糊、麥糊與米湯

嬰幼兒的第一道副食品，以米糊、麥糊和米湯為最優選，而且東方寶寶的第一道副食品以米糊為主，一方面可以避免過敏問題，另一方面則是飲食習慣。因為麥糊裡的麩質容易讓寶寶產生過敏，所以先以米湯或白米精製而成的米精調成糊來餵食，且宜選擇添加強化鐵劑的米精，但每日的餵食量最好不要超過 1/3 碗（等於 2 湯匙），等一段時間寶寶反應都很好的時候，再慢慢添加其他五穀根莖類的食物。

至於「米湯」，也就是俗稱的「10 倍粥」，營養價值好比人參，可用糙米取代白米。

米糊是讓寶寶吃副食品的好的開始。

水果類

由於水果的屬性各不相同，盡量選擇溫性以及平性的水果來餵食寶寶，剛開始不要餵食太多種類，建議以蘋果、香蕉或梨子為第一順序。另外，大部分的瓜類水果和容易引發過敏反應的奇異果、芒果、草莓等都不建議這個時候添加。

蘋果：富含果膠、維生素 C、E 和 β 胡蘿蔔素，蘋果更是天然的整腸藥，能夠強健孩子腸胃功能。

香蕉：可以幫助孩子提高免疫力、改善體質、幫助排泄、改善情緒，還能使皮膚光滑細緻，口感軟嫩，非常適合寶寶食用。

梨子：含有大量果糖，可迅速被人體吸收，其中鉀可以維持人體細胞與組織的正常功能，維生素 C 可以保護細胞，增強白血球活性，有利鐵質吸收。

開始提供水果作為副食品時，應先將水果做成果汁，再以 1:1 比例加冷開水稀釋，待寶寶適應一段時間後，再慢慢減少水的比例。例如：可以將蘋果、芭樂、火龍果等磨成泥或只取汁再飲用。

澱粉類鮮蔬

富含澱粉類的蔬食食材，以根莖類為主，像是南瓜、地瓜、胡蘿蔔等均屬之。

南瓜：蛋白質、醣類、鐵、膳食纖維、類胡蘿蔔素、鈣、鉀、維生素 A、維生素 B 群、磷、鉻等，提高免疫力，富含膳食纖維，可使排便順暢，維持正常視覺和促進骨骼發育。

地瓜：番薯又稱地瓜，含有蛋白質、醣類、膳食纖維、類胡蘿蔔素、維生素 A、維生素 B 群、維生素 C、鈣、磷、銅、鉀等營養素。番薯富含膳食纖維，可以增加飽足感，且含有微量的蛋白質每 100 公克中僅含有 1 公克蛋白質。

馬鈴薯：每 100 克馬鈴薯中，含澱粉 15〜25 克，蛋白質 2〜3 克，脂肪 0.7 克，纖維素 0.15 克，維他命 C15 〜 40 毫克，鉀 502 毫克。含豐富的維生素 C 與鉀，在歐洲被稱為「大地的蘋果」。除了維生素 C 和鉀之外，還含有蛋白質、醣類、維生素 B₁、鈣、鐵、鋅、鎂等營養素。

項目			4 個月	5 個月	6 個月
建議母奶或配方奶的餵食次數			5 次		
建議母奶或配方奶的餵食份量（CC/ 天）			170 ～ 210CC		
六大類食物	副食品餵食順序	可提供營養素	副食品的形式		
全穀類 & 富含澱粉質 的根莖蔬菜	1	醣類、蛋白質、 維生素 B$_1$ 及 B$_2$ （未精緻的穀 類含量較多）	☙ 建議以米湯、米糊為優 先餵食。（可選擇強化 鐵質的米糊） ☙ 麥糊（宜選擇無敏原 的） ☙ 可添加南瓜或地瓜泥等 澱粉類根莖蔬食 ☙ 份量：4 湯匙		
水果類	2	維生素 A、C 水分、膳食纖 維	☙ 自製果汁或果泥（建議 要稀釋） ☙ 盡量選擇帶皮的水果， 例如：蘋果、香蕉 ☙ 份量：每次 1 ～ 2 湯匙		

小兒科醫師的 溫馨小提醒

　　寶寶如果厭奶嚴重影響生長發育，造成生長遲緩，必須就醫找出原因，而非提早吃副食品。因為寶寶胰臟功能要到 4 ～ 6 個月才會發育完成，太早吃副食品，只會增加腸胃負擔，無法消化。近年來也有研究發現，過早給予寶寶副食品，會增加過敏和日後肥胖機會。

爸媽第 **12**問

適合 4 ～ 6 個月寶寶的
素食副食品應如何餵食？

4 ～ 6 個月寶寶的
素食副食品餵食重點食

• 不要讓寶寶躺著或坐太直，如果抱著餵的話，媽媽的手臂要撐著寶寶的背。

• 用湯匙前方挖一點點食物，稍稍靠在寶寶嘴唇上，等小嘴巴張開後再把食物送進去，不要強迫把湯匙塞進嘴巴裡。

• 當寶寶嘴巴打開時，舌頭幾乎呈現水平，才將副食品餵進嘴裡，當寶寶嘴巴闔上後因為有點傾斜，食物自然就會往喉嚨移動。

• 副食品的餵食都是漸進式，濃度從稀到稠，硬軟度也應由軟漸硬，讓寶寶慢慢適應副食品的口感。

• 副食品的種類要從單樣食物開始，千萬不可一開始就嘗試多種食物混合。每次一種新食物應持續餵食 3 ～ 5 天適應後再換另一種食物。

• 副食品以少量開始試吃（一小湯匙），若寶寶出現腹瀉、消化不良或拒食的狀況，就要減少副食品的量甚至暫時停止餵食，直到寶寶恢復正常之後，再開始慢慢少量餵食。

• 每嘗試一種新食物都要注意寶寶的

等寶寶的嘴巴張開再把食物送進去。

糞便及皮膚狀況,若3～5天沒有腹瀉、嘔吐或皮膚潮紅,發疹等不良反應,才可以換另一種新食物。

• 寶寶若是經由醫師確定為過敏體質,那麼餵食副食品的時間可延後,但最遲也要在6個月大就開始餵食。

• 副食品的製作要確保衛生,食物、用具、雙手都應洗淨。食材選擇當季在地好食材;盛裝的器皿也要避免用塑膠類的製品;餵食要將食物裝在碗、盤、杯子內,然後以湯匙一小口一小口的餵食,讓寶寶習慣使用餐具。

要將食物裝在碗、盤、杯子內,再以湯匙一小口一小口的餵食。

營養師的 溫馨小提醒

寶寶的水分補充

水分的好處:幫助消化、運送養分、調節體溫、促進腸道蠕動、防止便秘、排除廢物並有潤滑的作用。

＊ 如果是**單純喝母乳的素食寶寶**,從新生兒到4個月內,基本上是不需要再額外補充水分,最多是餐與餐之間給與少量的溫開水即可。3個月左右的嬰兒每天需要量約140～160ml;6個月左右嬰兒每天需要量約130～155ml;9個月左右的嬰兒每天需要量125～145ml。

＊ **喝配方奶的寶寶**一定要補充水分,因為配方奶中蛋白質及礦物質的含量較多,而過多的營養成分,寶寶並無法吸收,會藉由腎臟排出體外,因此配方奶寶寶需要出充足的水分來幫助腎臟代謝多餘的營養成分。

＊ **一歲以前的寶寶不可以喝蜂蜜水**,因為蜂蜜內含有肉毒桿菌孢子,寶寶腸胃道消化尚未發育成熟無法消化肉毒桿菌孢子。

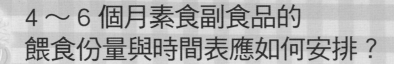

4～6個月素食副食品的
餵食份量與時間表應如何安排？

　　這時期的寶寶才剛要開始接觸副食品，一天之中建議安排1～2次的副食品，而且最好是在午餐和晚餐之前的點心時間，餵以單純而健康的食物，主要讓寶寶攝取更多營養，同時也能訓練寶寶的咀嚼與吞嚥能力。

餵食的份量

　　米糊、麥糊及其他澱粉質：剛開始一天1湯匙（15CC），慢慢增加到一天4湯匙。

　　水果泥：一天一次，每次2湯匙。

　　若是在習慣副食品後，寶寶的食慾很旺盛，可以再增加早點的時間餵食。不過要切記，養成定時好習慣，也趁此好時機打下穩定的生活規律。

4～6個月寶寶一日餵食份量&時間表

六大類食物		全穀類&澱粉類莖蔬菜	水果類	奶類母乳或配方奶
副食品質地		煮成糊狀	搗成泥或榨汁	
營養密度食物（高）		米糊・地瓜 南瓜・麥糊	蘋果・香蕉・葡萄	
營養密度食物（低）		麵糊・麵線 烏龍麵・嬰兒米粉	水梨・水蜜桃	
餵食量		4湯匙	1～2湯匙	
4～6個月菜單範例	早餐 07：00			170～210 cc
	早點 10：00	米糊2湯匙	蘋果汁1湯匙	
	午餐 12：00			170～210 cc
	午點 15：00	米糊2湯匙	蘋果汁1湯匙	
	晚餐 18：00			170～210 cc
	晚點 21：00			170～210 cc

爸媽第 **14** 問

4～6 個月寶寶的
素食副食品應如何料理？

 副食品筆記

✏ **原味最好**──料理 4～6 個月寶寶的副食品時，切記不可添加任何調味料，除了可讓寶寶品嚐食物的原汁原味，最主要是避免增加寶寶肝臟與腎臟的負擔！

✏ **適合即做即食的副食品**──米粉或麥粉可直接加水調成泥糊狀，以及新鮮水果製作成果汁或果泥，方便少量取用，適合即做即食。

✏ **果汁、果泥的製作也可量大些來處理**──新鮮水果製作成果汁或果泥，若覺得只切取極少量的果肉而大部分剩餘的果肉時間一久易氧化變質，也可以一次製作數次的份量（但以不超過 4 次的量為限），將當次取用後，再分裝保存。再次取用時，一定要回到室溫後，再加入標準比例的冷開水調勻後，才能拿來餵給寶寶吃。

✏ **食物研磨器與手持式的食物攪拌機都是處理水果的好幫手**──新鮮水果製作成果汁或果泥，若是即做即食的少量製作，食物研磨器是相當好的幫手；若是還有要做分裝保存的數次份量，手持式的食物攪拌機是不錯的選擇！

✏ **需加熱煮熟的全穀類與澱粉質副食品要留意處理時的溫度**──適合此一月齡階段的澱粉類副食品，可一次做多一點的份量，待降溫後，取用該次的份量，剩餘的可分裝密封好，收入冰箱冷藏或冷凍，待下次要取用時，先取出回溫後，再適當加熱，即可給餵寶寶吃。

我要的不多，簡單就好！

蛋白質
與
澱粉餐

即沖即食米糊與麥糊 (1餐量)

最簡易方便的副食品

米糊

麥糊

材料

市售沖泡式米精（麥精）1大匙、熱開水2大匙

作法

1. 取適量之米精或麥精，置於碗內。

2. 加入適量熱開水調糊狀。（基本以米精1：熱開水2的比例為標準，而且水溫不同，加入的水量也會有所不同，溫度越高則加入的水量要越多！）

廚師爸爸的
溫馨小提醒

• 初次使用，請使用原味的米（麥）精。

• 也可以將米精加入嬰兒配方奶中，泡奶的水量不變，一開始以半匙米粉對3匙奶粉的比例，再逐漸增加到1匙比3匙。（以配方奶中所附的湯匙來做比例調配。）

1
餐量

 米湯（俗稱「米油」、「十倍粥」）

寶寶第一道的副食品

材料
白米（或白飯）1/2 量米杯、
水 5 量米杯

整顆白米煮米湯

傳統的米湯這樣煮

作法

1. 白米洗淨，泡水約 20 ～
   30 分鐘，白米與水的比
   例是米 1 比水 10。

2. 將裝有浸泡好的白米與
   水的鍋子移至爐上，先用
   大火煮滾。

3. 再改小火煮到軟，
   約需 40 ～ 50 分鐘，
   熄火。

4. 待涼後，粥汁會再
   變稠。（分解）

打碎的白米煮米湯 —偷呷步的米湯方便煮

作法

1. 白米洗淨泡水約 20 ～ 30 分鐘，白米與水的比例是 1 比 1。

2. 將浸泡好的白米與水倒入入果汁機或攪拌機中打碎。（還會有些許細微顆粒的感覺）

3. 倒入鍋中，再加入 9 倍的水（如果原來是白米半杯＋水半杯去打碎，這時要再加 4 杯半的水），移至爐上。

4. 先用大火煮滾，再改小火煮到軟，約需 6 ～ 8 分鐘，熄火。

5. 待涼後，粥汁會再變稠。

白飯煮米湯 —聰明爸媽的速煮法

作法

1. 將 1/2 量米杯飯與 1/2 量米杯水倒入果汁機或攪拌機中打成泥糊狀。

2. 將白飯糊倒入鍋中，再加入 4 杯半的水。

3. 先用大火煮滾後，再改小火煮到軟，約需 3 ～ 4 分鐘，熄火。

4. 待涼後，粥汁會再變稠。

廚師爸爸的 溫馨小提醒

• 用白飯煮米湯的方式較為快速，而且電鍋煮一鍋白飯，不僅止製作粥品，剩餘部份夫妻家人可當一般正餐食用，省時不浪費。

• 製作「十倍粥」時，可以選擇糙米。糙米營養價值高於精緻的白米，但比白米容易產生過敏，所以更需要留心寶寶是否有過敏反應。可考慮糙米與白米混搭，可減少過敏因子，同時也提高了營養，只不過仍需留意寶寶的生理反應。

蛋白質
與
澱粉餐

南瓜、地瓜或馬鈴薯泥 (4 餐量)

寶寶與蔬菜的第一次接觸

地瓜泥

南瓜泥

馬鈴薯泥

材料

南瓜（或地瓜、或馬鈴薯）100 克（切塊約 1 杯量）。

作法

1. 將南瓜、地瓜或馬鈴薯削去外皮後，沖洗淨。

2. 用刀切小塊，放入電鍋蒸至熟軟（1 量米杯的水約可蒸 20 分鐘），再用濾網或壓泥器壓成泥狀，也可用攪拌棒趁熱直接攪打至泥狀。

3. 分裝好後、移入冰箱冷凍。

廚師爸爸的
溫馨小提醒

• 這 3 種澱粉質蔬菜很適合一次多做一些，分裝存放，除了可以加水或奶品稀釋後單純餵食，也很適合在寶寶更大一點時加入或其他蔬果來增加風味與營養！

蛋白質
與
澱粉餐

地瓜奶糊

餐量 ④

開始增加寶寶副食品風味

材料
地瓜泥 3/4 杯、
牛奶 1/4 杯

作法

1. 將地瓜泥和牛奶一起用攪拌棒打成泥糊狀。
2. 再入鍋以隔水加熱的方式（或用電鍋）蒸煮至滾熱。
3. 待涼，取該餐的分量餵食，其餘的分裝冷凍保存。

 廚師爸爸的
溫馨小提醒

• 可用南瓜或馬鈴薯取代地瓜。

• 分裝冷凍保存後，待下次要食用時，可用電鍋加水蒸熱即可。

• 也可用小煮鍋，加半杯水用小火加熱，邊煮開邊攪拌至回復原來的濃稠度即可。

蛋白質與澱粉餐

 自製麵茶湯

（8 餐量）

安心方便的古早好滋味

材料

低筋麵粉 50 克、
白糖 20 克、熟花生 7
克、熟白芝麻 5 克

作法

1. 麵粉置於耐烤的容器中，放入已預熱至 180℃的烤箱烤約 6～8 分鐘或倒入乾淨的鍋中乾炒，見麵粉變成黃褐色。熄火，取出。

2. 待烤好或炒好的麵粉放涼後，再將全部材料放入果汁機或攪拌機中打勻成粉狀，就是「麵茶粉」。

3. 要餵食時，以麵茶 1：熱開水 3 的比例沖泡，調勻即可。

 營養師的溫馨小提醒

• 寶寶也是會挑嘴的，這時候麵茶就是最好的替代品了。

• 這道麵茶也可添加些配方奶，增加口味上的變化，有助於刺激寶寶的食慾。

水果餐

香蕉泥

餐量 2

從液體慢慢變稀糊的副食品，從水果開始

材料
熟軟的香蕉 30 克、
冷開水 25ml

作法

1. 香蕉剝去外皮，用磨泥板磨成泥，再加冷開水稀釋即可。

2. 或香蕉切塊後，放入塑膠袋中，以圓棍擠壓成濃稠泥糊狀，再加冷開水稀釋即可。

營養師的
溫馨小提醒

• 香蕉選擇越熟軟的越好，尤其是表皮已出現斑點的，所含的免疫活性就更高。

• 若與蘋果比較，香蕉多 4 倍蛋白質、2 倍碳水化合物、3 倍磷質、5 倍維生素 A 和鐵質、3 倍其它維生素和礦物質，是相當有益的食物。

水果餐

🍎水梨泥

餐量 4

吃了水果也吃進富含營養的水份

材料

水梨 30 克、冷開水 30ml

作法

1. 水梨洗淨,去籽,切小塊,放入攪拌杯中。

2. 加入冷開水(水梨塊與冷開水的比例約為 4:1)用攪拌棒打成泥糊狀。

廚師爸爸的
溫馨小提醒

• 水梨富含水份,帶皮一同攪打成泥,可以讓寶寶吃進最完整的營養。

水果餐

 蘋果泥

（4 餐量）

幫助寶寶腸胃蠕動

材料

蘋果 100 克、冷開水 50ml

作法

1. 蘋果去皮，洗淨並切去籽切塊。

2. 蘋果塊與冷開水（約為 4：1）用攪拌棒打成泥糊狀即可。

PART 4

爸媽第 14 問

4～6 個月寶寶的素食副食品種類有那些？

水梨泥　香蕉泥

廚師爸爸的
溫馨小提醒

- 做這道副食品時，先確認一下蘋果的外皮，若外皮有上蠟，則應去皮後再料理。

- 對才要開始吃水果的寶寶來說，可提高水的比例，讓寶寶從蘋果汁開始愛上蘋果。

水果餐

 葡萄汁

餐量 4

鐵多多的優質水果

材料
葡萄約 80 克、
冷開水 40ml

作法

1. 葡萄洗淨，去蒂頭，
   對半切開後再去籽。

2. 加入冷開水，用攪
   拌棒打成濃稠泥糊
   狀。

 廚師爸爸的
溫馨小提醒

• 葡萄應用剪刀剪成一顆顆後，再用水洗淨。若用手拔成一
  顆顆，葡萄會留下蒂頭的缺口，沖洗時，反而會讓外皮上
  的體污又被沖入葡萄果肉中。

• 洗葡萄時最好先浸泡 5 分鐘以上，其表皮泥汙較易去除。

60

水果餐

 芭樂泥

C 多多的優質水果

材料
芭樂 120 克、冷開水 60ml（約為 2：1）

作法

1. 芭樂用湯匙挖去籽。

2. 將去籽的芭樂切片。

3. 芭樂片和水冷開水用攪拌棒打成泥糊狀即可。

營養師的
溫馨小提醒

- 芭樂富含維生素 C，可在寶寶餐後適量餵食，讓鐵和鈣質更容易為寶寶所吸收。

- 芭樂要選較軟的，因為口感綿密也香甜，比較適合製作泥糊。

我需要**多**一點、**混合**一點
——7～9個月寶寶的素食副食品這樣吃最營養

　　7～9個月，寶寶的成長邁入另一個快速成長階段，對蛋白質和熱量的需求增高許多，鈣質及鐵質的需要量也持續增加，腸胃的發展也漸趨健全，所以這時期的寶寶開始能夠消化分解較複雜的營養素，或是多種食物混和的食物泥。

　　同時，這時期的寶寶最讓父母熱切期待的就是——開始長牙！大人們每天抱著興奮的心情，看著寶寶的長牙進度。然而除了長牙，寶寶的上下顎與咽喉部位也逐漸發育完全，因此在興奮之餘，父母應該要試著引導小寶寶學習以湯匙攝取「糊狀」食物，慢慢訓練寶寶的吞嚥與咀嚼的運動神經，促進分泌唾液好幫助寶寶的消化與吸收。

爸媽第 15 問

7～9 個月寶寶的生理成長概況如何？

在乳品與最初的副食品的營養照護下，這個時期，寶寶開始長乳牙了，寶寶的身高、體重與肢體動作相較於前一階段也都有所成長！

寶寶的 身高、體重又成長了

這個階段的寶寶生長快速，在體重方面：男寶寶的體重約是 8.2 公斤，女寶寶是 7.7 公斤，並且每星期以 50～100 公克在增加。在身高方面：男寶寶的身長約是 69 公分，女寶寶大約是 67 公分，並且每個月大約以 1.25 公分在增加。

寶寶的牙齒長出來了

這個階段的寶寶已經開始長出下面的乳牙，這個時期也正是寶寶學習咀嚼的敏感期，同時舌頭也會開始學習攪拌食物，對飲食也愈來愈有自己的喜好。

寶寶的手開始要握了

這時期的寶寶手部也愈來愈有力量，已經可以用手拿取食物了，所以媽咪可以試著讓寶寶自己拿著切片的水果或米餅乾，開始嘗試自己食用喔！但切記，務必先將寶寶的雙手洗乾淨。

寶寶的手愈來愈有力量了，已經可以自己拿著切片的水果或米餅乾！

我需要多一點、混合一點

適合 7 ～ 9 個寶寶的素食副食品有那些？

　　看到並且體會到小寶寶在這個階段的成長如此快速，爸媽們應該會意識到單純靠母乳或是嬰兒配方奶所含的營養成分已經不能滿足寶寶的生長需求，特別是鐵質、鈣質、蛋白質和維生素……等都需要透過副食品來加強補充。而且這個階段的寶寶消化系統日漸成熟，可以開始消化固體食物，所以副食品的提供在種類方面要增加、在質地方面也要再濃稠些。

開始添加蛋白質的食物

　　像是「豆腐」、「蛋黃」都是適合作為這個時期的寶寶副食品。

　　尤其要特別提醒的是──「蛋黃」是這個階段新的食物嘗試！素食爸媽可以將熟蛋黃泥餵給寶寶吃，剛開始給的量大約每天 1/2 ～ 1 湯匙，且要留意觀察寶寶沒有出現過敏等不良現象才可以慢慢增加蛋黃的餵食份量。

　　切記──這時期不能提供蛋白！因為蛋白容易造成過敏，建議 10 個月後再增加較為恰當。

可以開始給寶寶吃蛋黃了，但是還不可以吃蛋白喲！

開始增加蔬果的種類、並且要多變化

　　除了前一階段的澱粉質類的蔬菜與溫性、平性的水果，這時期的蔬果種類可以更多樣，增加寶寶維生素與礦物質的攝取。

　　要留意的是──纖維較粗的蔬果，像是：竹筍、牛蒡、空心菜梗之類就不適合在這時期提供給寶寶食用。

纖維較粗的菜梗要摘除，不能餵給寶寶吃！！

含在口中會慢慢軟化、糊化的吐司，切條狀，方便寶寶拿著吃！

蔬果煮熟後，要先打成泥！

可以開始將不同的食物混合在同一道副食品中！

開始從湯汁、糊狀慢慢變成至泥狀或固體

雖然寶寶才開始長乳牙，餵給寶寶吃的副食品也不宜因為太擔心而一味給與流質或過於稀糊的食物，反而應慢慢收濃食物的水分，以泥狀或略具固體的稠糊，讓寶寶有機會讓剛長出來的乳牙有適當的咀嚼訓練，同時也讓舌頭與腸胃得到合宜的訓練，所以像是稀飯、麵條、吐司、麵包或饅頭等方便咀嚼、含在口中也會慢慢軟化、糊化的食物都是適合餵給寶寶吃的好副食品。至於蔬果類的食物，在料理時，應先煮爛打成泥狀或切碎後才可以餵給寶寶吃。

開始提供多種食物混和的副食品

這個階段與前一時期的副食品另一個最大的不同就是——同時可以將不同的食物混和，變成綜合食物糊，餵給寶寶吃，不但可以讓寶寶一口吃下多種營養，而且口味也能有變化。因為食物的味道是幫助寶寶品嚐世界的第一步，因此這個階段不妨提供更多口味的食物讓寶寶嘗試，或是改變料理方法，同樣的東西做法不同，味道和口感也會不一樣，素食爸媽可以多在食物上創新製作方法，讓寶寶的感官藉著飲食而成長。只不過，千萬要注意——每一種食物在餵給寶寶吃之前都需要單獨吃過，確認沒有引發過敏問題才可繼續！

營養師的
溫馨小提醒

※ 不愛吃某種食物，可能是不習慣，不妨煮軟一點，或把食物放在稀飯中亦可。

※ 菜色或量增加時，食物材料可以有多種色彩豐富組合，寶寶會更愛吃。

※ 可開始嘗試吃全熟的蛋黃，但此時期蛋白先不提供，預防寶寶過敏。

※ 紅豆、綠豆、扁豆等豆泥，若太早提供怕造成腸胃不易消化的問題，建議 8 個月大後才吃更恰當。

7～9 個月寶寶需要的營養素、副食品順序及形式

項目		7 個月	8 個月	9 個月
建議母奶或配方奶的餵食次數		4 次		
建議母奶或配方奶的餵食份量（CC/ 天）		200 ～ 250 cc		

六大類食物	副食品餵食順序	可提供營養素	副食品的形式
五穀根莖類	可同時添加	醣類、蛋白質、維生素 B1 及 B2 （未精緻的穀類）	1 份＝稀飯、麵條、麵線 1/2 碗 ＝薄片吐司 1 片、饅頭 1/3 個、米粉或麥粉 4 湯匙 **份量**：2.5 ～ 4 份
水果類	可同時添加	維生素 A、C 水分、膳食纖維	自製果汁或果泥 （選擇帶皮水果：蘋果、香蕉） **份量**：每次 1 ～ 2 湯匙
蔬菜類	可同時添加	維生素 A、C 礦物質、膳食纖維、鐵質、鈣質	**菜泥**：高麗菜、菠菜或白菜、蘿蔔 **份量**：1 ～ 2 湯匙
蛋豆類	可同時添加	蛋白質、脂肪、鐵質、鈣質、維生素 B 群、維生素 A	1 份＝蛋黃泥 2 個 ＝豆腐 1 個 4 方塊或半盒 **份量**：1 ～ 1.5 份

如何幫素食寶寶補充鈣質與鐵質？

成長中的寶寶需要這
些鈣多多的食物！

寶寶 7 個月以後，單就從母乳或嬰兒配
方奶中攝取營養已經是不足夠的，尤其是鐵
和鈣。

鈣質的補充來源

鈣質在寶寶的成長階段一直扮演極為重
要的角色，當然在這個階段也不例外，因為
缺鈣是直接影響到寶寶的身高、牙齒以及骨
骼發育。而除了所需要的鈣質及鐵質以外，
也需要更多的蛋白質。

一般來說，除了攝取豐富的奶類，
（不管是動物奶或植物奶鈣質含量都很
高），舉凡像是豆製品、蛋黃、黑芝麻、
海帶芽、黑豆、莧菜、豆皮……等鈣含量
也很豐富。

鐵質補充要正確

在人生的不同階段裡，對鐵質的需求量並不相同，這個階段的寶寶鐵質的需要量
每日是 10 mg。

鐵，在人體中的主要功能就是形成紅血球中的血紅素，然後把氧氣帶到全身的每
個角落。同時，鐵也是許多酵素的成份，並且參與多種酵素的反應，能幫助免疫力與
智力的發展。血紅素的含量愈多，整個血液的重量會較重。缺乏鐵質最直接的問題就
是影響血紅素的形成，造成缺鐵性貧血，使血液運送氧氣的能力下降，同時也會使人
體細胞中的能量供應出現障礙。

我需要多一點、混合一點

素食寶寶宜攝取富含鐵的食物。

為了避免貧血或改善貧血，飲食的幾個原則還是要注意：

首先是「蛋白質要每天攝取」，因為蛋白質是合成血紅素的元素之一，所以每天應攝取足夠的優質蛋白質食物。

再來當然就是「多食用富含鐵質的食物」，深綠色蔬菜像菠菜、地瓜葉、青花菜、紅莧菜及海藻類植物，還有像是蔬果類如酪梨、棗子、紅豆、黑芝麻等都是富含鐵質豐富的食物。

葉酸的補充也很重要，葉酸是參與血紅素合成重要的原料，適當的補充葉酸可預防巨球性貧血的發生。平日可多攝食葉酸含量豐富的食物，包括酵母、深綠色蔬菜、豆類、全穀類等。

同時要盡可能搭配可預防貧血食物。因為植物性的鐵，稱為非血紅素鐵，像是深綠色蔬菜、菠菜、地瓜葉、青花菜、紅莧菜、紅鳳菜及海藻類植物；還有蔬果類如，棗子、紅豆、黑芝麻等都富含鐵質，媽媽選擇鐵質吸收率高的食物給寶寶食用之外，**在進餐同時，可以搭配富含維生素C的食物較為恰當**，因為維生素C是促進非血紅素鐵質吸收力強的營養素，而且可以改善質酸抑制鐵質吸收的效果呢！

其實要養育素食寶寶並不是件難事，而素食可以提供成長中的寶寶所有營養。但爸媽們也許要有心理準備，副食品添加時期您的寶寶可能會拒吃帶有強烈味道的食物，如：紅蘿蔔、甘藍菜、青椒……等，不過別擔心，幾個月之後寶寶有可能會再次喜歡上它們的。

全穀類富含葉酸可預防貧血！紅鳳菜富含鐵質，再搭配富含維生素C的水果就能幫助寶寶吸收！

鐵質含量高的蔬菜（以深綠色和深紅色的蔬菜為佳）

蔬菜類	鐵質含量（毫克）	豆類、堅果及種子類	鐵質含量（毫克）	五穀根莖類及堅果（續）	鐵質含量（毫克）
紫菜	90.4	花生	3.5～29.5	養生麥粉	14
紅莧菜	12	黑芝麻	24.5	穀類早餐飲品	12.4
薄荷	11	芝麻醬	20.4	蓮子	1.7～12.3
野苦瓜	8.5	皇帝豆	14.1	麥片	11.1
黑甜菜	6.7	白瓜子	12.2	麥芽飲品	8.7
莧菜	4.9	紅豆	9.8	小麥	2.8～4
紅鳳菜	4.1	花豆	2.1～9	小麥胚芽	3.8
九層塔	3.9	葵瓜子	8.6	薏仁	2～3.4
玉米筍	3.9	甜豌豆	8.5	小米	2.7～3.1
茼蒿	3.3	米豆	7.8	大麥片	1.4～3.1
川七	3.1	黃豆	5.7～7.4	菱角	1.3～5.9
菠菜	2.1	干絲	6.2	松子	5.8
綠蘆筍	1.9	綠豆	6.4	五香豆干	5.5
芥蘭	1.9	腰果（生）	4.7～6.3	粉豆	5.5

爸媽第18問

7～9個月素食副食品
的餵食份量與時間表應如何安排？

一天可以供應 2 次以上，供應量約佔一日飲食熱量的 30% ～ 50%，且要定時餵食才能讓寶寶養成好習慣。

爸媽們可以依據下表所建議的餵食份量與計畫表來安排寶寶的副食品，但要注意的是如果寶寶配方奶喝得多，副食品總量可以少，如果配方奶喝得少，則副食品總量要多，如此原則，才能讓寶寶飲食足夠一天熱量總數。

所以千萬不可因為心急而猛塞食物給寶寶！

- 這個時期的寶寶舌頭能夠前後與上下活動，可以開始練習用舌頭壓碎食物泥，並開始練習寶寶用吸管杯喝水或喝果汁。

餵食的方法

- 讓寶寶的身體稍微往前彎，或是不要讓寶寶躺太平。
- 調整寶寶坐椅，避免寶寶的身體搖晃，或是在椅背和寶寶之間塞入毛巾來支撐，穩住寶寶的身體。
- 附有桌板的坐椅，可以讓寶寶把手放在桌板上，讓姿勢安穩。
- 以湯匙一口一口慢慢的餵食。要確定寶寶口中食物沒了，才可以餵食下一口，正確的餵食不但能避免寶寶因餵食過量而引致生理上的可能不適，同時可以幫寶寶養成良好的飲食習慣。

調整寶寶坐椅，避免寶寶的身體搖晃。

7～9個月寶寶一日餵食份量＆時間表

六大類食物	全穀類	水果類	脂肪	豆蛋類	蔬菜類	奶類：母奶或配方奶
副食品質地	糊狀稍稠	泥狀或榨汁		切成小碎丁搗成泥	煮爛切碎成泥	
營養密度食物（高）	米糊・地瓜 南瓜・土司 燕麥	蘋果・香蕉 葡萄・柳丁	黑芝麻	豆腐	菠菜・青花菜・胡蘿蔔 莧菜・番茄	
營養密度食物（低）	麵糊・麵線 烏龍麵・ 嬰兒米粉	水梨・水蜜桃 西瓜・香瓜	植物性油脂		茄子・海苔 西洋芹	
餵食量	任選 2.5～4份	任選 1～2湯匙	任選 1/2湯匙	任選 1～1.5份	任選 1～2湯匙	4次

7～9個月菜單範例	早餐 07：00	米糊 1/2 碗 母奶或配方奶 200～250cc
	早點 10：00	母奶或配方奶 200～250cc 蘋果汁 1 湯匙
	午餐 12：00	豆腐泥 1 塊・稀飯 1/2 碗・香瓜泥 1 湯匙 母奶或配方奶・170～210cc
	午點 15：00	母奶或配方奶・200～250cc 蘋果汁 1 湯匙
	晚餐 18：00	蛋黃泥 1 湯匙・麵條 1/2 碗 菠菜泥 1～2 湯匙・母奶或配方奶 170～210cc
	晚點 21：00	母奶或配方奶 200～250cc

營養師的溫馨小提醒

※ 每天第二次副食品的份量和第一次一樣，但飯後的母乳或配方奶以寶寶想喝的份量來餵食，不要勉強。

※ 每次新添加的食物都要先從單一種食物開始餵起，一來測試是否會造成過敏，二來讓寶寶記住單一食物的味道並且習慣後，再開始和其他食物混合。

我需要多一點、混合一點

爸媽第**19**問

7～9個月寶寶的
素食副食品應如何料理？

副食品筆記 1

這個階段的寶寶食量比 4～6 個月還要大，副食品的質地可以成「**泥狀**」或「**糊狀**」，米類可以從「**米湯**」變成「**薄粥**」。其他的食材一定要在煮熟或蒸熟後，才做成泥狀。

🖉 每種新的食材應先單獨餵食 3～5 日，觀察沒有過敏現象後，再加入米粥或其他蔬果泥中變成混合口味，一起餵食給寶寶。

🖉 這時期寶寶可以食用具纖維質的蔬菜了，蔬菜在料理前最好先沖洗一次，去除大部分泥沙和農藥殘留，接著浸泡約 10 分鐘，讓黏附在蔬菜上的泥沙變得軟化，最後要再沖洗一次才會真正洗乾淨乾淨。

🖉 徹底沖洗乾淨的蔬菜可以汆燙也可以蒸炊，蔬菜汆燙後的水可以給寶寶一同飲用，或者是與蔬菜一同烹調再運用，如此，就可以把流失到水中的營養抓回來。

蔬菜汆燙後的水可以與蔬菜一同料理！

副食品筆記 2

✏ 由於小寶寶對鮮豔的顏色總是比較喜歡，容易吸引他的注意力，而深綠色蔬菜用蒸的，顏色容易暗黃，所以深綠色蔬菜用**汆燙**方式比較容易保留翠綠顏色，其他顏色的蔬菜則用**蒸**的方式會比較好。

非綠色蔬菜以蒸的方式來料理比較好！

✏ 由於葉菜類的菜梗纖維都比較粗一些，在製作這時期的寶寶蔬菜料理時應先將菜梗摘除，只取菜葉。摘下來的菜梗可拿來製作大人吃的蔬菜料理，一點也不會浪費。

✏ 同一種食材在料理時，可以利用刀工多多改變形狀或大小，有利於寶寶咀嚼力的練習。

取菜葉料理給寶寶吃，摘下的菜梗做給大人吃！

✏ 由於這個階段的寶寶喜歡啃拳頭或小指頭，因此可以搭配長條或棒狀食物，如：切好的水果條、米餅、吐司條……等，訓練寶寶以手就口的技巧，但要記住——要確認寶寶的雙手有清洗乾淨且有擦乾。

寶寶的手指食物。

副食品筆記 3

🖊 製作副食品份量以**冷凍 7 天／冷藏 1 天**的賞味期限為標準，若製作多於此份量則不建議！

🖊 這時期的副食品仍以**原味**為主，極少數需加些天然調味，如果不是馬上要吃或當餐就可以吃完，則不建議先加入調味烹煮，待混合搭配組合加熱完成後，再來做味道上的微小調整會較方便掌握！

 廚師爸爸的
溫馨小提醒

副食品的混合變化

這時期的寶寶可食用多種食材混合在一起的食物糊，製作時，可以先將單獨食材分別做好、分裝好，待要餵食前，再取出回溫、加熱，不但寶寶的營養均衡了，口味也會變化無窮！例如：

Ⓐ 1 份白粥＋1 份地瓜泥＝地瓜粥

Ⓑ 1 份白粥＋1 份南瓜泥＋1 份紅蘿蔔泥＝南瓜什蔬粥

營養高湯塊，讓寶寶吃進更多的好元素

除了直接以汆燙素食食材的水為湯底來為寶寶製作副食品，這時期的寶寶因為可以開始食用混合的食物，所以爸爸媽媽們可以動手熬製些營養美味的冷凍高湯塊，來為寶寶的營養加分，同時這些湯底也可以作為家人平日餐食的高湯，是相當優質的料理常備品！

營養高湯

冷凍昆布高湯塊
清水變成鈣多多

(2 餐量)

材料
乾昆布 1 條（約 15 公分）、水 3 杯

作法

1. 先以濕紙巾擦拭昆布表面附著的泥砂。

2. 鍋中加水 3 杯，放入已擦拭乾淨的昆布，浸泡 20 分鐘後，移至爐上煮至冒泡時，撈起昆布，並將湯汁再煮滾，熄火。

3. 待煮好的昆布高湯冷卻後，倒入冰塊模中，移入冷凍即可。每次要料理前再取出該餐的使用量即可。

營養高湯

冷凍素高湯塊
多種蔬菜營養融入湯汁中

(2 餐量)

材料
黃豆芽菜 120 克、白蘿蔔 60 克、紅蘿蔔 60 克、乾香菇蒂頭 10 克、芹菜 10 克、玉米半根、薑片 5 克、水 1000 克

作法

1. 各種蔬菜確實洗淨後，將白蘿蔔削皮切塊；紅蘿蔔削皮切塊；洋蔥切塊；芹菜切段。

2. 取一湯鍋，將水倒入，待煮滾後，放入所有材料。

3. 等到湯汁再次煮滾，轉小火，使湯汁保持小滾動，繼續再熬煮約 20 分鐘，煮至鍋中的湯汁剩約 1/2 量，熄火。

4. 過濾湯汁，待冷卻後，分裝冷凍或倒入製冰容器製成冰磚方便日後使用。

廚師爸爸的
溫馨小提醒

• 冷凍高湯可以一次做多一點，做好時，可以先拿來做大人吃的湯品或其他食物，剩餘的再將之用製冰盒分裝冷凍。

• 做成小冰塊是比較方便應用的，每次取用所需的量，還可以因應寶寶的成長狀況再加入適當的水稀釋，就能安心地提供寶寶多元營養。

米粥料理

七倍米粥

1 次量

寶寶第一道的副食品開始變濃稠了

材料
白米（或白飯）1/2 量米杯、
水 3.5 量米杯

整顆白米煮米湯

傳統的米湯這樣煮

作法

1. 白米洗淨，泡水約 20 ～
   30 分鐘，白米與水的比
   例是米 1 比水 7。

2. 將裝有浸泡好的白米與
   水的鍋子移至爐上，先用
   大火煮滾。

3. 再改小火煮到軟，
   約需 40 ～ 50 分鐘，
   熄火。

4. 待涼後，粥汁會再
   變稠。

我需要多一點、混合一點

打碎的白米煮米湯 偷呷步的米湯方便煮

作法

1. 白米洗淨泡水約 20～30 分鐘，白米與水的比例是 1 比 1。

2. 將浸泡好的白米與水倒入入調理機或攪拌機中打碎。（還會有些許細微顆粒的感覺。）

3. 倒入鍋中，再加入 6 倍的水（如果原來是白米半杯＋水半杯去打碎，這時要再加水 3 杯），移至爐上。

4. 先用大火煮滾，再改小火煮到軟，約需 6～8 分鐘，熄火。

5. 待涼後，粥汁會再變稠。

白飯煮米湯 聰明爸媽的速煮法

作法

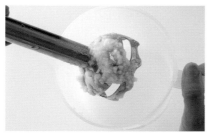

1. 將 1/2 量米杯飯與 1/2 量米杯水倒入調理機或攪拌機中打成泥糊狀。

2. 將白飯糊倒入鍋中，再加入 3 杯的水。

3. 先用大火煮滾後，再改小火煮到軟，約需 3～4 分鐘，熄火。

4. 待涼後，粥汁會再變稠。

營養師的 溫馨小提醒

• 煮好的粥待涼，倒入家中製冰器皿或小容器結成冰磚後脫模後，再以袋子分裝比較不佔空間，也比較不易吸附冰箱中的異味。

• 一次的製作量最多以 7 天量為限（約為此配方的 2 倍量），若做太多，會讓冰箱可存放的種類變化較少而且也有變質的疑慮。

營養
蔬菜餐

 紅蘿蔔泥
提升寶寶的免疫力

⑥
餐量

材料

紅蘿蔔 120 克（約半根）、冷開水 1/4 杯、玄米油 1/2 小匙

作法

1. 紅蘿蔔洗淨、去皮、切片。

2. 取調理盤放入紅蘿蔔片，淋上玄米油放入電鍋中，外鍋加水 1.5 杯蒸至熟透。

3. 將蒸熟的紅蘿蔔加冷開水用攪拌棒打成泥糊狀即可。

 營養師的
溫馨小提醒

• 紅蘿蔔的胡蘿蔔素是要用油才能溶解出來。

營養
蔬菜餐

菠菜泥

富含鐵質、促進腸胃蠕動

2-3
餐量

材料

菠菜葉 35 克

作法

1. 菠菜洗淨，去除蒂頭，只摘取菠菜葉。

2. 小煮鍋中加入 2 杯水，待煮滾後放入菠菜葉汆燙至熟撈起。

3. 鍋中汆燙菠菜水放涼後取 60 cc，和汆燙熟的菠菜一起倒入調理機中打成泥糊狀即可。

營養師的
溫馨小提醒

- 菠菜含有豐富的維他命 C、胡蘿蔔素、蛋白質、礦物質、鈣、鐵等營養，在烹調時會釋放出豐富的維生素與礦物質，因此煮時要避免加入過多的水分，以免營養流失。

香蘋地瓜葉泥 （10 餐量）
蘋果的香甜讓地瓜葉變好吃了

材料
地瓜葉 100 克、蘋果肉 1/4 顆（約 50 克）

作法

1. 蘋果去皮、切片，入鍋蒸約 15 分鐘至果肉變軟。

2. 地瓜葉洗淨，摘除較粗的硬梗，只留葉子（約剩 75 克）。

3. 煮鍋中加入 2 杯水，待煮滾後放入地瓜葉汆燙至熟撈起。

4. 鍋中汆燙地瓜葉水放涼後取 150 cc，和汆燙熟的地瓜葉及蘋果一起用攪拌棒打成泥糊狀即可。

營養
蔬菜餐

 金黃高麗菜泥

6
餐量

香甜好滋味，營養價值高

材料
高麗菜 50 克、金黃蘿蔔 25 克、
冷開水 90 cc

作法

1. 高麗菜洗淨，將外圍嫩菜葉
   的部分剝成片狀。

2. 再將粗梗部分用刀子切片。
3. 蘿蔔削去外皮後，切片。
4. 將處理好的高麗菜及金黃蘿
   蔔放入電鍋，外鍋加水 1 杯
   蒸至熟透。
5. 蒸熟的高麗菜、金黃蘿蔔和
   冷開水一起用攪拌棒打成泥
   糊狀即可。

小黃瓜黑木耳泥

6
餐量

鐵多鈣也多的美味菜泥

材料
小黃瓜 50 克（約 1/2 條）、新鮮黑木耳 15 克（約 1 小片）、冷開水 30CC

調味料
鹽少許

作法

1. 小黃瓜洗淨，削去表皮，切成片。

2. 地新鮮黑木耳洗淨，切除蒂頭，再切成細絲。

3. 小黃瓜片和黑木耳絲一起放入電鍋，外鍋加水半杯後蒸熟透。

4. 蒸熟的小黃瓜和黑木耳加入冷開水一起攪打成泥糊狀即可。

營養
蔬菜餐

 紅鳳菜豆腐

1-2
餐量

造血又補鈣，免疫力也提升

材料
嫩豆腐半塊、紅鳳菜 100 克、
玄米油 1 小匙、冷開水半杯

調味料
鹽少許

作法

1. 高紅鳳菜洗淨，只摘取菜葉
   （約剩 60 克）。

2. 將紅鳳菜葉放入大碗中，淋
   上玄米油，再移入電鍋中，外
   鍋加水 1 杯半蒸熟透。

3. 取出蒸好的紅鳳菜葉，倒入
   攪拌杯中，加入冷開水及鹽，
   打成泥糊狀，先倒入盤中。

4. 豆腐切片放入滾水鍋中，保
   持小滾狀態汆燙 3 分鐘後，
   撈起，瀝乾，排放在紅鳳菜
   泥即可。

 營養師的
溫馨小提醒

- 紅鳳菜富含胡蘿蔔素，只不過
  胡蘿蔔素是要用油才能溶解出
  來。

- 豆腐含有豐富的蛋白質、鈣、
  維生素 E、卵磷脂、半胱胺酸等
  營養素。所含有的大豆卵磷脂，
  對於神經、血管及大腦的生長
  發育有益。

營養
蔬菜餐

 蛋香番茄泥　餐量 10

維護細胞正常代謝、寶寶頭好又壯壯

材料
牛番茄 300 克（約 1 顆）、玄米油 1/4 小匙、雞蛋 1 個

作法

1. 雞蛋放入小煮鍋中用水煮熟，剝殼後去除蛋白，留下蛋黃部分。

2. 牛番茄入滾水鍋汆燙至皮皺起，立即撈起泡入冷水中，將外皮撕去後切薄片。

3. 取調理碗放入牛番茄片，淋上玄米油後放入電鍋中，外鍋加水 1 杯，然後蒸至軟透。

4. 蒸熟軟透的牛番茄和熟蛋黃一起攪打成泥糊狀即可。

廚師爸爸的
溫馨小提醒

• 番茄是屬於低熱量食物，富含茄紅素，只是要注意蔬果中的茄紅素都需要有油才能溶解出來。

營養
蔬菜餐

 栗子南瓜奶泥　餐量 6

茄紅素多多，抵抗力也多多

材料
栗子南瓜 100 克、胡蘿蔔 5 克、玄米油 1/4 小匙、配方奶 1/4 杯

作法

1. 胡蘿蔔洗淨，去皮，切片，入鍋蒸約 15 分鐘至軟。

2. 南瓜洗淨，去籽，放入電鍋中，外鍋加水 2 杯至蒸熟透，用湯匙挖取果肉泥。

3. 所有材料一起打成泥糊狀即可。

廚師爸爸的
溫馨小提醒

• 解凍加熱時再加少許配方奶，就能變成「南瓜奶湯」。

營養
蔬菜餐

青豆馬鈴薯泥

餐量 **7**

吸引寶寶的粉綠色澤，營養全方位

材料
青豆仁 2 大匙、馬鈴薯 1/2 顆（約 150 克）、配方奶 30 cc

調味料 鹽少許

作法

1. 青豆仁先用水煮熟。

2. 馬鈴薯洗淨帶皮入蒸 30 分鐘，趁熱去皮，再切成小塊狀。

3. 青豆仁和馬鈴薯、配方奶一起打成泥糊狀即可。

廚師爸爸的
溫馨小提醒

• 馬鈴薯洗淨後，整顆帶皮放入電鍋蒸，能保存完整的營養。

營養
蔬菜餐

青豆可樂餅

餐量 **7**

香酥好滋味，寶寶搶著吃

材料
青豆馬鈴薯泥 1 杯、香菇碎末 1/2 大匙、麵粉 1/4 杯、蛋汁 1/2 個、細麵包粉 1/2 杯

作法

1. 將薯泥擠球狀後，先沾麵粉。

2. 再依序沾蛋汁、細麵包粉。

3. 利用罐頭蓋子，將薯球壓成圓餅。

4. 入鍋，煎至外皮香酥，起鍋，先置於廚房紙巾上吸油，並放到不燙手即可。

PART **5**

爸媽第 **19** 問

7～9 個月寶寶的素食副食品應如何料理？

青豆馬鈴薯泥　青豆可樂餅

89

 松子小米粥

餐量 5-6

香綿滑口、益智健腦的寶寶粥

材料

松子 1/4 杯（約 25 克）、小米
1/4 杯、白米 1/4 杯、水 4 又 1/2
杯

作法

1. 小米沖洗淨，先泡水 30 分
鐘，瀝乾水分。松子放入烤箱
170℃烤金黃上色。

2. 白米洗淨，瀝乾水分，再加
入小米和 1/2 杯的水，移入電
鍋，外鍋加 1 又 1/2 杯水蒸煮
30 分鐘至熟。

3. 將烤好的松子、蒸熟的小米
飯倒入攪拌杯中，再加水 1/2
杯打成碎糊。

4. 將松子小米糊倒入小湯鍋中，
加水 2 杯，先以大火煮滾，再
改小火續煮約 3～5 分鐘。

 營養師的
溫馨小提醒

• 單用小米其顆粒較偏硬些且不滑口。用力搓洗或掏洗太多次會使小米外層的營養素流失。
小米含有醣類、維生素 B 群、維生素 E、鈣、磷、鐵、鉀等營養素。現代醫學認為小米不
含麩質，不會刺激腸道，是屬於溫和的纖維質，容易被消化。

營養
蔬菜粥

茭白筍五穀粥
富含鐵質、促進腸胃蠕動

餐量 5-6

爸媽第16問

7～9個月寶寶的素食副食品應如何料理？

松子小米粥　茭白筍五穀粥

材料
五穀米 1/2 杯、茭白筍 1/2 支（約 30 克）、水 5 杯

作法

1. 五穀米泡水 120 分鐘後，洗淨，瀝乾。

2. 茭白筍洗淨，削去外皮，切塊。

3. 洗淨的五穀米再加入茭白筍塊及水 1/2 杯拌勻，移入電鍋中，外鍋加水 2 杯蒸煮至熟。

4. 取出蒸熟的五穀飯與 1/2 杯水一起用攪拌機打成碎糊。

5. 將五穀飯糊倒入小煮鍋中，加入 2 杯水，拌勻，先用大火煮滾後改小火，煮約 2 ～ 3 分鐘，熄火，待溫度變涼後，粥汁會再變稠。

營養師的
溫馨小提醒

• 茭白筍的莖皮要削去，只取筍肉來煮粥，寶寶吃下後才容易消化吸收。削下來的莖皮可以切段，和大人吃的茭白筍一起料理。

莧菜糙米粥

餐量 7

鈣多鐵多營養多多的寶寶粥

材料
糙米 1/2 杯、莧菜葉 50 克、
水 4.2 杯

作法

1. 糙米浸泡 2 小時後,瀝乾,
   再加水 1.2 杯,放入電鍋或電
   子鍋蒸煮至熟透。

2. 將莧菜葉切小段後放入滾水
   鍋汆燙至熟。

3. 將糙米飯、煮熟的莧菜葉和
   煮莧菜的水 1/2 杯以攪拌機打
   成碎糊。

4. 將莧菜糙米糊倒入小煮鍋中,
   加水 3 杯先用大火煮滾再改小
   火煮約 2 ～ 3 分鐘,熄火,待
   涼,粥汁會再變稠。

營養師的
溫馨小提醒

• 糙米飯較乾硬,故煮粥品時其水量要增加多一些。

• 莧菜含鐵量是菠菜的一倍,鈣含量則是三倍。所含
  鈣、鐵進入人體後容易被吸收及利用,對小兒發育
  和骨折癒合有其幫助。

營養
蔬菜粥

地瓜紫米粥
補血增抵抗力的寶寶粥

(7) 餐量

材料
紫米 1/2 杯、地瓜 100 克、水 3 又 1/4 杯

作法

1. 紫米先浸泡一晚後，洗淨瀝乾後，再加水 3/4 杯，移入電鍋中，外鍋加水 2 杯蒸熟。

2. 地瓜去皮，洗淨，切丁，入鍋蒸熟。

3. 取出紫米飯，加水 1/2 杯，用攪拌機打成碎糊狀。

4. 將紫米糊倒入煮鍋中，並加入熟地瓜丁及水 2 杯，大火煮滾後，再改小火煮約 2 ～ 3 分鐘，熄火，待涼，粥汁會再變稠。

廚師爸爸的
溫馨小提醒

• 烹煮紫米時，因為很容易沈底燒焦，所以先蒸熟再煮，可以省去多次攪拌動作也不容易失敗。

• 紫米與地瓜因煮熟的時間不一樣，所以要分開來蒸煮至熟。

營養蔬菜粥

 海苔洋菇粥 （4 餐量）

補充鐵質、鈣質的寶寶粥

材料

白飯 1/2 杯、水 2 又 1/2 杯、洋菇 2 粒（約 40 克）、食用海苔片 2 小片

作法

1. 洋菇洗淨切片，放入烤箱以 190℃烤至金黃褐色。
2. 白飯、洋菇及水 1/2 杯一起用攪拌機打成碎糊。
3. 將洋菇飯糊倒入煮鍋中，再加入 2 杯水及海苔片，先用大火煮滾，改小火續煮約 2～3 分鐘，熄火拌勻，待涼粥汁會再變稠。

營養師的
溫馨小提醒

- 洋菇所含鐵質之有效態約為 25%，是充裕的鐵來源，營養價值很高。
- 海苔屬海藻類，富含 β 胡蘿蔔素、維生素 A、維生素 B 群、膳食纖維、鐵質＆鈣質，是很好的營養補給。

營養蔬菜粥

 雙玉小米粥 （10 餐量）

更天然更香甜的寶寶粥

材料

小米 1/2 杯、白米 1/2 杯、紫玉米 1/2 根、黃玉米 1/2 根、水 5 杯

作法

1. 雙色玉米先入鍋蒸熟後，切取玉米粒。
2. 小米與白米一起洗淨瀝乾，加水 1 杯，移入電鍋中蒸煮 30 分鐘至熟。
3. 將玉米粒、小米飯與水 1 杯用攪拌機打成碎糊狀。
4. 將打好的玉米小米糊倒入煮鍋中，加水 4 杯，大火煮滾後改小火煮約 2～3 分鐘，熄火，待涼粥汁會再變稠。

廚師爸爸的
溫馨小提醒

- 直接用香甜的玉米煮成小米粥，滋味更香濃，除了當寶寶的副食品，依個人喜好，加細砂糖或醬油等，就是美味北方粥品，很適合全家大小一起共享。

木瓜麵茶

（4 餐量）

淡淡香甜好入口

材料

去皮去籽的熟木瓜 60 克、麵茶粉 1 小匙

作法

1. 將麵茶粉置於容器中，沖入 3 倍的熱開水，調勻，放涼。
2. 將已經放涼的麵茶和木瓜一同用攪拌機打成泥糊狀即可。

廚師爸爸的溫馨小提醒

- 可直接使用市售的麵茶粉。也可自己動手做，在本書第 56 頁就有自製麵茶的食譜。麵茶不但是寶寶愛吃的副食品，也是大人小孩都可食用的點心甜品喲！

 ## 人參果米奶糊

（10 餐量）

低糖低脂的水果奶糊

材料

人參果 1/4 顆、米糊 1/4 杯、配方奶 1/4 杯

作法

1. 人參果帶皮切塊，與配方奶一同打成泥糊狀，倒入容器中。
2. 加入米糊拌勻即可。

廚師爸爸的溫馨小提醒

- 人參果，即香瓜茄亦可稱作仙果、香艷梨、艷果，屬茄科的多年生草本植物，果實成熟時果皮呈金黃色，外形似人類的心臟，吃起來脆爽多汁，低糖低脂，富含維生素 C、蛋白質，還含有 19 種胺基酸以及鈣、鎂、硒等的礦物質和微量元素。

 ## 栗子芭蕉泥

（6 餐量）

香濃好吃、營養豐富

材料

熟栗子肉 1/4 杯、芭蕉 1/4 根、配方奶 1/4 杯

作法

1. 芭蕉去皮，切塊，放入調理機。
2. 加入栗子和配方奶打成濃稠泥糊狀。

廚師爸爸的溫馨小提醒

- 糖炒栗子是家中很常見的零食小點心，取一些去殼後的熟栗子肉就能做成這道寶寶水果餐。大人吃到美味的點心，寶寶也吃到了營養補給。

營養
小點心

烤吐司餅乾

餐量 6

抓著吃，寶寶愛不釋手

材料
吐司 2 片、花生粉 1/4 杯

作法

1. 吐司切去兩邊較硬的外皮，再切成條狀。

2. 放入已預熱至 170℃ 烤箱烤約 12 ～ 15 分鐘至水份烤乾。

3. 將烤至乾酥的吐司條放入塑膠袋中，加入花生粉，抓緊塑膠袋搖動數下，使吐司條均勻沾裹花生粉即可。

 廚師爸爸的
溫馨小提醒

• 將吐司切條烘烤成餅乾，是寶寶十分喜愛的小點心，就算不沾裹花生粉，寶寶也愛抓來吃，而且有助於寶寶雙手抓握和口腔的訓練！

營養
小點心

糖霜吐司條
方便拿著吃的小點心

（6）餐量

材料

吐司2片、蛋白1個、糖2大匙、奶油1小匙

作法

1. 鋼盆中打入蛋白，並倒入糖，稍微打起泡後，加入融化的奶油拌勻。

2. 吐司去四邊的吐司外皮，再切成條狀，放入已打好的蛋白糊中快速拌勻。

3. 將拌裹蛋白糊的吐司條排放在烤盤上，再移入已預熱至170℃烤箱烤約 12 ～ 15 分鐘至水份烤乾，使其酥脆似餅乾即可。

廚師爸爸的
溫馨小提醒

• 吐司條放入蛋白糊中快速拌勻即可取出（吸汁太久容易斷裂），排放烤盤上烘烤成餅乾。也可加入西洋香料粉來變化口味。

食習篇 [PART 6]

我要的**更多**，為**離乳**做準備
—— 10 ～ 12 個月寶寶的素食副食品這樣吃最營養

　　寶寶 10 ～ 12 個月了，素食爸媽開始要為寶寶的離乳做準備！在這個階段，寶寶一直依賴的母乳或配方奶應該要慢慢變成只在早晨或晚上提供的輔助餵食，副食品則應開始變成在三餐時間提供主要食物，而且可以讓寶寶和大人一起吃飯，藉以養成寶寶良好的用餐習慣。

　　有些寶寶可能一時還無法脫離奶類為主食，素食爸媽也無需太操心，只要保持副食品的餵食量，再逐步調整寶寶對奶類的依賴就可以，只不過爸媽仍要切記——寶寶以奶類為主食不要超過二歲。

10～12 個月寶寶的生理成長概況如何？如何幫寶寶順利離乳？

10~12 個月寶寶的生理成長概況

10 個月大的寶寶已經可以透過雙膝或雙手著地爬行來移動自己的位置，背部及頸部的肌肉發育也已經漸趨成熟，所以藉由手扶著東西寶寶就可以站立著，雙手可以互換玩具，手和口的協調性也增強。

在這個階段可以試著讓寶寶坐在嬰兒用的餐椅上，並且試著讓他自己使用專用的餐具來練習進食。只是要注意——寶寶的手部抓握能力尚未完全發育好易掉落，故在選購專用餐具時記得要選用耐熱且不容易摔破的餐具，而且千萬不要選購用塑膠餐具，以免餐具遇熱時釋放出毒素反而傷害寶寶的身體健康。

幫助寶寶順利離乳

所謂「離乳」，並不是說就不給寶寶喝奶，只是要將寶寶的飲食調整變成以「副食品」為主、「奶類」為副。

「母乳」或是「配方奶」畢竟是寶寶最初的主食，依偎在母親懷中喝奶更是充滿安全感，要馬上讓他們斷奶是不可能的，適時添加副食品，除了供給寶寶周全的營養，也是幫寶寶做斷奶的初步訓練，讓寶寶慢慢習慣食物的味道和口感。因此離乳的訓練應在自然而然中進行，並且應**以漸進方式來減少母乳的餵食次數，同時增加副食品的餵食次數，直到寶寶斷奶為止**。若以強迫方式，易使寶寶心理產生壓力，因而吵鬧、拒食，造成餵食困難，寶寶也更容易營養不良。

營養師的溫馨小提醒

幫寶寶準備安全耐熱的餐具

準備適當而安全性高的幼兒餐具給寶寶，可以讓他知道這是他的專屬餐具，像是：寶寶的餐盤、小叉子、小湯匙……等。只是在選擇餐具時爸媽一定要注意是否具備耐熱（餐具上最好註明耐受溫度）、防滑、耐摔、而且也要選擇不含環境荷爾蒙、無毒（避免高密度聚乙烯 HDPE 和聚丙烯 PP）等特性。

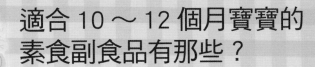

爸媽第 **21** 問

適合 10 ～ 12 個月寶寶的素食副食品有那些？

在寶寶 10 ～ 12 個月這個階段，提供給他的副食品種類必須再增加，甚至要讓副食品逐漸成為主食，進而取代母乳或是配方奶。因此，一天之中提供給寶寶食用的副食品次數可增加到 3 ～ 4 次。至於寶寶喝奶次數應當由剛出生時每天的 7 ～ 9 次縮減為 2 ～ 3 次。

而且在食物選擇上應以配合寶寶乳牙的生長，以及要開始練習咀嚼能力，同時還要顧及能讓寶寶的舌頭加入前後、上下，還有左右移動等動作的方向來設計。

再多增加五穀雜糧與蔬果的種類 可以開始加入全蛋與少量油脂

在均衡飲食的基礎下，可擴大菜單的總類，增加食材的變化性，讓寶寶認識食物與不同食物風味。原先在 4 ～ 9 個月副食品中因擔心過敏問題而不提供的蛋，10 ～ 12 個月寶寶已經可以使用全蛋加入，作為優良蛋白質來源。

這個時期除了確認是會引起寶寶過敏的食材之外，幾乎所有的素食食材都能製作成副食品，而且開始可以添加些許油脂在副食品中。

雖然一歲以前的寶寶腸胃仍屬敏感，過多的油脂不易消化，但這階段是可以開始提供少量的油脂與食材一起混合料理。

只是市面上的油品百百種，應當選擇什麼樣的油來少量加入副食品中呢？——適合寶寶的好油宜選用高冒煙點、初榨冷壓以及玻璃瓶裝的油，像是：橄欖油、以及含有豐富的 Omega-3 不飽和脂肪酸的亞麻仁油，都非常適合。

另外，在料理上，也要少油炸、油煎，從冷鍋冷油開始料理，這樣的混合了少量油脂料理而成的副食品才是適合寶寶的。

10 ～ 12 個月寶寶已經可以食用全蛋料理！

103

把握成長黃金期，幫寶寶補充鈣多多

鈣質是寶寶骨骼發育與牙齒發育不可或缺的營養素，可以幫助神經傳導、穩定情緒，但是不以大骨湯來製作副食品的素食寶寶，是否可以一樣「鈣」厲害？

隨著寶寶成長與活動量增加，是許多爸爸媽媽擔心鈣不足時候！

的確，寶寶在 7 個月後的鈣需要量已由一日 300mg 增加至 400mg，素食寶寶如何透過一天飲食攝取到足夠鈣質？素食爸媽可以先了解在素食裡有哪些食物是提供豐富鈣質的來源——

成長至此階段的素食寶寶只要每天有攝取到一份豆製品及一份深綠色蔬菜，再搭配補充副食品不足的母乳或配方奶，鈣質的攝取皆可達到建議攝取量，完全不用擔心鈣是否會不足！

值得注意的是，鈣質在體內吸收過程需要維生素 D 協助，而這一項維生素來源更是上天的恩賜唷！只需透過每天溫和的日曬，人體自然會合成維生素 D，協助腸道鈣質吸收，所以讓寶寶每天都有適當的戶外運動，也是促進鈣質吸收的重要因素。

鈣多多的素食食材

食物類別	食材名稱	每份重量（毫克）	含鈣量（毫克）
豆製品	小方豆干	70	480
	統傳豆腐	110	154
	五香豆干	45	123
蔬菜類	芥藍菜	100	238
	紅莧菜	100	191
	莧菜	100	156
	綠豆芽	100	147
	紅鳳菜	100	142
	川七	100	115
	油菜	100	105
堅果類	黑芝麻	8	116
	黑芝麻粉	8	88
	芝麻醬	8	64
	麥粉	20	113

副食品的餐食最佳拍檔

要將寶寶的主食調整成以副食品為主，餐食的組合與搭配可以稀飯和煮到軟爛的麵條為主食參考，主食之外，再加入切碎的蛋黃或豆腐，以及切細碎或煮至軟爛的蔬菜，都是做為寶寶正餐食用的理想組合。

食物的硬度標準，應是用手指可以壓碎的程度。

副食品範例

❶ 稀飯 ＋ 豆腐小丁 ＋ 蛋黃

將稀飯，再加上豆腐小丁與切碎的蛋黃做搭配，就是一份相當理想的寶寶餐。

❷ 麵條 ＋ 蔬菜

將剪成小段的麵條配上切碎蔬菜一起烹煮，也是一份滿不錯的寶寶餐。

副食品的料理以原味為主，食材宜切細碎或小丁狀但要煮得軟爛

10 ～ 12 個月的寶寶副食品仍以食物原味為主，避免調味料的使用。

在食材準備上應由原本的稠糊狀、攪碎或剁碎的食物慢慢由丁狀來取代，讓寶寶練習舌頭上下攪動，然後用舌頭和上顎來壓碎柔軟又小的塊狀食物。

若是寶寶在吃進無法用舌頭壓碎的食物硬度時，會自然而然把食物推到左右兩邊，就能訓練他用牙齦壓碎後才吃進肚子裡。

所以食物的硬度標準，應是大人用手指可以壓碎的程度。胡蘿蔔和馬鈴薯等根莖類食物除了要軟之外，也要切成0.5 公分的小丁狀來餵食，或是切成長條狀讓寶寶自己拿在手裡練習吃。

當一切習慣一個月後，副食品的份量可以增加外，食物的質地可稍微變成要大口咬碎才能吞食。

10～12個月素食副食品的餐食份量與時間表應如何安排？如何餵食才 OK ？

餵食的方法

- 若是由大人餵食，記得要把食物放在寶寶嘴巴前面，因為前齒的附近有探知食物質感、溫度和大小的感應器，能讓舌頭、顎和牙齦順利反應。如果放在寶寶嘴巴後面的話，寶寶就會不咀嚼而馬上吞下去，所以要特別小心。

- 用手抓食物能引起寶寶的食慾，所以可以多準備一些蔬菜棒讓寶寶自己拿著吃。

- 這個階段開始讓寶寶自己練習用餐，只不過需要爸爸媽媽的細心與耐心，增加孩子接觸副食品的興趣與喜好。寶寶在用餐過程難免造成髒亂，不要於以責備，而在寶寶完成用餐的過程

有雙柄把手的餐具、方便寶寶練習舀取的杯口餐具，都是協助寶寶獨立用餐的好工具。

時，能給適當鼓勵有助於增強寶寶自己用餐的自信心與成就感。

- 由於這時期正是訓練寶寶獨立用餐時機，因此在餐具挑選上可以雙柄把手，提供寶寶方便握拿；杯碗部分則可以挑選嘴型杯口餐具，避免過深，才能方便寶寶練習舀取，有助於在此階段協助寶寶獨立用餐的好工具。

小兒科醫師的
溫馨小提醒

※ 寶寶的大便偶爾會出現未消化的菜渣，尤其是豌豆、玉米或紅蘿蔔碎片，但這些變化都是正常的，媽媽不需要特別擔心。

※ 重要的是要注意──寶寶的奶量是否正常？是否有添加適當的副食品？以及正常的體重變化！

※ 如果寶寶一切正常，飲食中也就不需要再額外補充營養品。切記，如需額外補充營養品一定要先請教過醫師。

寶寶的副食品在此階段已可增加為一天 3 ～ 4 次，並且要定時餵食，讓寶寶養成好習慣。時間的安排與餵食份量的拿捏可參照下列建議的範例表——

10 ～ 12 個月寶寶一日餵食份量＆時間表

六大類食物 提供營養素	全穀類 醣類 維生素 B 群	豆蛋類 優良蛋白質 維生素	蔬菜類 維生素礦物質 膳食纖維	水果類 維生素礦物質 膳食纖維	油脂類 必需質 脂肪酸	奶類 醣類、蛋白質 水份
副食品質地	軟質小丁狀；或剁碎					
食物選擇 一日建議 餵食量	米飯 澱粉根莖類： 地瓜、馬鈴薯、南瓜	蒸熟全蛋 豆製品：豆腐、豆包、豆漿	深綠色蔬菜、番茄、小黃瓜	香蕉、奇異果、蘋果、葡萄等	橄欖油 亞麻仁油、玄米油	母乳或 配方奶
	份量 一碗約 200g	**份量** 一日約 1 ～ 1.5 份	**份量** 2 ～ 4 湯匙	**份量** 2 ～ 4 湯匙	**份量** 1 湯匙	**份量** 不強迫餵奶，並減少為 2 ～ 3 次

10 ～ 12 個 月 菜 單 範 例	早餐 07：00	母乳或配方奶為主 200 ～ 250 cc
	早點 10：00	切成小丁的水果，如：奇異果丁
	午餐 12：00	番茄時蔬豆腐拌飯（麵）
	午點 15：00	麥糊或芝麻糊
	晚餐 18：00	地瓜莧菜蛋粥
	晚點 21：00	母乳或配方奶為主 200 ～ 250 cc

10 ～ 12 個月寶寶的素食副食品應如何料理？

副食品筆記

🖉 在製作準備上，仍需要使用磅秤，且要注意的是食材的剁碎或絞碎可以比前兩個階段再粗一點，若是切成丁，也約可有 0.5 公分大小。

🖉 不管是刀具和砧板依然是要嚴守「生食」和「熟食」分開的衛生原則。

🖉 這時期的副食品仍以原味為主，極少數需加些天然調味，如果不是馬上要吃或當餐就可以吃完，則不建議先加入調味烹煮，待混合搭配組合加熱完成後，再來作味道上的微小調整會較方便掌握！

🖉 這個階段的副食品的質地可以成「稠泥狀」或「稠糊狀」，米類可以從「薄粥」變成「稠粥」。其他的食材一定要在煮熟或蒸熟後，才做成泥狀。

🖉 每種新的食材應先單獨餵食 3 ～ 5 日，觀察沒有過敏現象後，再加入米粥或其他蔬果糊中變成混合口味，一起餵食給寶寶。

🖉 這時期的寶寶仍不適合食用纖維比較粗一些的蔬菜梗，在製作這時期的寶寶蔬菜料理時應先將菜梗摘除，只取菜葉。摘下來的菜梗可拿來製作大人吃的蔬菜料理，一點也不會浪費。

🖉 由於這個階段的寶寶雙手的握力更自如了，用手抓食物能增加寶寶的食慾，所以仍舊適合製作長條或棒狀的副食品，如：切好的水果條、米餅、吐司條……等，以及煮至熟軟的蔬菜條，但要記住——確認寶寶的雙手有清洗乾淨且有擦乾。

🖉 製做副食品份量仍以冷凍 7 天（冷藏 1 天）的賞味期限為標準！

米粥料理

 海藻亞麻仁粥 ④ 餐量
幫助腦部發育的寶寶粥

材料
綜合海藻 25 克（約 1 杯）、黃金亞麻仁 2 大匙、白飯 1/2 杯、水 4 杯

作法
1. 綜合海藻放入滾水鍋中汆燙一下，撈起，瀝乾。
2. 取碗放入亞麻仁，加水 1/4 杯，放入電鍋中蒸 20 分鐘至熟。
3. 取出果汁機，倒入海藻、亞麻仁、白飯和水 1 杯，一同打成帶有顆粒的稠糊狀。
4. 將打好的亞麻仁飯糊倒入小煮鍋中，再加水 3 杯，先用大火煮滾，再改小火煮約需 2～3 分鐘，待涼會再變稠。

營養師的
溫馨小提醒

• 亞麻仁又有素魚油之稱，富含 Omega3 脂肪酸，可以供人體製造 EPA 及 DHA，有助於寶寶的腦部發育；而且還富含木酚素、木質素，有整腸潤腸之效，可以改善寶寶排便狀況。

五倍米粥

寶寶的純米粥更濃稠了

材料
白米（或白飯）1/2 量米杯、
水 2.5 量米杯

整顆白米煮米湯

傳統的米湯這樣煮

作法

1. 白米洗淨泡水約 20 ～
   30 分鐘。

2. 白米與水的比例是 1 杯
   米比 5 杯水放入鍋中，
   先用大火。

3. 再改小火煮到軟，
   約需 35 ～ 40 分鐘，
   待涼會再變稠。

打碎的白米煮米湯 偷呷步的米湯方便煮

作法

1. 白米洗淨泡水約 20 ～ 30 分鐘。
2. 白米與水的比例是 1 杯米比 1 杯水，一起放入果汁機中打碎。
3. 打碎的米水再倒入鍋中，然後加入 4 杯水，先用大火煮再改小火一直煮到軟，約需 4 ～ 5 分鐘，待涼會再變稠。

白飯煮米湯 聰明爸媽的速煮法

作法

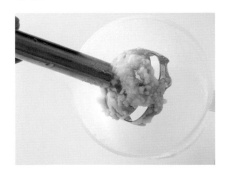

1. 白飯與水的比例是 1 杯飯比 1 杯水一起放入果汁機中打成泥糊。
2. 米糊倒入鍋中後再加入 3 杯水，先用大火煮再改小火煮到軟，約需 2 ～ 3 分鐘，待涼會再變稠。

廚師爸爸的
溫馨小提醒

- 煮好的粥待涼，倒入家中製冰器皿或小容器結成冰磚後脫模後，再以袋子分裝比較不佔空間，也比較不易吸附冰箱中的異味。
- 一次的製作量最多以 7 天量為限（約為此配方的 2 倍量），若做太多，會讓冰箱可存放的種類變化較少而且也有變質的疑慮。
- 此時小寶寶已經長牙，所以米糊不需要攪打得那麼碎，保留些許顆粒，讓他們邊吃邊咀嚼。

米粥料理

海帶芽芝麻粥

餐量 4

幫助寶寶成長與智力發展的海味素粥

材料

海帶芽 5 克（約 1/4 杯）、熟白芝麻 1 大匙、白飯 1 杯、水 4 杯

作法

1. 海帶芽浸泡熱水約三分鐘至泡發後，瀝乾水分。

2. 將泡發的海帶芽與白飯、白芝麻皆倒入果汁機中，加水 1 杯，一同打成的顆粒狀。

3. 將打好的飯糊倒入小煮鍋中，再加水 3 杯調勻，先用大火煮滾，再改小火煮約需 2 ～ 3 分鐘，待涼會再變稠。

廚師爸爸的

溫馨小提醒

- 富含脂肪、蛋白質、維生素 B 群、維生素 E 及多種微量礦物質，能強化血管、促進發育，是寶寶的優質營養食品。

- 海帶芽含有豐富的褐藻酸、食物纖維、生理活性物質和碘、鉀、鈣等，對寶寶的智力、骨骼成長、排便順暢有幫助。

米粥料理

紅豆薏仁粥

餐量 4

增強體力、促進排泄的寶寶粥

材料

紅豆 1/2 杯、薏仁 1/4 杯、白飯 1 杯、水 5 杯

作法

1. 紅豆及薏仁混合洗淨，加水浸泡 1 晚，再將水瀝乾後，重新加水 1 杯，移入電鍋蒸 45 分鐘至熟。

2. 取出煮熟的紅豆薏仁，倒入果汁機中，加入白飯及水 1 杯，一同打成帶有顆粒稠糊狀，倒入煮鍋中。

3. 將 4 杯的水也倒入煮鍋中，先用大火煮滾，再改小火煮約需 2 ～ 3 分鐘，待涼會再變稠。

廚師爸爸的

溫馨小提醒

- 紅豆、薏仁一次可蒸煮多一些，取出給寶寶吃的分量，其餘的只要加糖水煮開即是美味的甜湯。

PART **6**

爸媽第 **23** 問

10 ～ 12 個月寶寶的素食副食品應如何料理？

海帶芽芝麻粥　紅豆薏仁粥

113

米粥料理

鹹蛋黃白菜粥 4
餐量

鈣質吸收好、利排毒又好消化的寶寶粥

材料

鹹蛋黃 1 個、大白菜 80 克、白飯 1 杯、水 4 杯

作法

1. 大白菜洗淨，切片，入滾水鍋中汆燙，瀝乾。鹹蛋黃以 190℃烤至表層酥香。

2. 將汆燙好的大白菜與烤香的鹹蛋黃放入果汁機中，加入白飯及水 1 杯，一同打成帶有顆粒稠糊狀。

3. 取出煮鍋，倒入打好白菜鹹蛋糊，再加水 3 杯調勻，先用大火煮滾後，改小火續煮約需 2～3 分鐘，待涼會再變稠。

米粥料理

菱角粥 4
餐量

解熱消毒、有益腸胃的寶寶粥

材料

菱角仁 1 杯、白飯 1 杯、水 3 杯、配方奶 1 杯

作法

1. 菱角仁放入電鍋中蒸 20 分鐘至熟。

2. 取出菱角仁，倒入果汁機中，並將白飯、配方奶和水 1 杯也倒入，打成帶有顆粒稠糊狀。

3. 將打好的菱角奶飯糊倒入煮鍋中，再加水 3 杯，先用大火煮滾，改小火煮約需 2～3 分鐘，待涼會再變稠。

廚師爸爸的
溫馨小提醒

- 如果不是菱角仁的季節，或買不到菱角仁，可使用糖炒栗子或市售的包裝熟栗子來替代。

- 菱角富含澱粉、蛋白質、維生素 B_2、維生素 C 及鈣、鐵、磷等多種礦物質，適合成長中的孩子食用。要注意的是若寶寶容易腹脹則不宜多食。

米粥料理

 黑豆粥

富含蛋白質、鈣、鐵及多種營養

（4餐量）

材料

黑豆 1/2 杯、白飯 1 杯、水 4 杯

作法

1. 黑豆洗淨，加水浸泡一晚。
2. 將浸泡好的黑豆瀝乾水份後，加水半杯，然後放入電鍋，外鍋加水 1 杯半蒸煮熟。
3. 取出蒸熟的黑豆與白飯以及水 1 杯，一同用攪拌機或果汁機打成帶有顆粒稠糊狀後，倒入小煮鍋中。
4. 將水 3 杯也倒入小煮鍋中，先用大火煮滾再改小火煮約需 2 ～ 3 分鐘，待涼會再變稠。

 營養師的

溫馨小提醒

- 黑豆具有優質的蛋白質、纖維質、不飽和脂肪酸、礦物質、維生素 B 群、維生素 E、花青素和皂素等植物化學素。黑豆納入寶寶餐食中，有助於寶寶攝取完整的蛋白質、增強體力。

爸媽第21問

10～12個月寶寶的素食副食品有那些？ 黑豆粥 油菜泥

營養
蔬菜餐

油菜泥
富含鐵質、促進血液循環

2-3
餐量

材料
油菜葉 35 克

作法

1. 油菜洗淨，去除蒂頭，只摘取菜葉。

2. 煮鍋中加入 3 杯水，待煮滾後放入油菜葉汆燙至熟撈起。

3. 鍋中汆燙油菜水放涼後取 30 cc，和汆燙熟的油菜一起倒入調理機打成帶有顆粒稠糊狀即可。

營養師的
溫馨小提醒

• 油菜屬十字花植物科，富含鈣質、維生素 A、維生素 B 群、維生素 C 等營養素。而且其所含的鈣質為菠菜的 3 倍；胡蘿蔔素及維生素 C 的含量在蔬菜中也位居排行榜前幾名。油菜能促進血液循環，強化骨本。

**營養
蔬菜餐**

層香地瓜葉泥

餐量 **4**

別具香味的蔬菜泥

材料

地瓜葉 100 克、九層塔 1 小把（約 20 克）

作法

1. 地瓜葉洗淨，只摘取菜葉（約剩 75 克）。

2. 九層塔洗淨，摘取九層塔葉（約剩 15 克）。

3. 煮鍋中加入 3 杯水，待煮滾後放入地瓜葉和九層塔汆燙至熟撈起。

4. 鍋中汆燙菜葉的水放涼後取 90 cc，和汆燙熟的地瓜葉、九層塔葉一起用攪拌棒打成帶有顆粒稠糊狀即可。

**廚師爸爸的
溫馨小提醒**

• 小朋友對味道較重的食物大多拒絕入口，特別將富含鈣質、鐵質的九層塔與地瓜葉一起燙熟後打成泥，以淡化九層塔的香味，讓寶寶慢慢地接受九層塔的獨特香味。

營養
蔬菜餐

百合山藥泥
促進生長、強化體質的好味道

6
餐量

材料
白山藥 100 克、百合 15 克、冷開水 1/4 杯

作法

1. 山藥洗淨後去皮，切薄片。
2. 百合洗淨後，一片一片剝開。
3. 將山藥片和百合一起放入電鍋中，外鍋加水 1 杯後，蒸至熟透。
4. 取出蒸熟的山藥和百合放入果汁機中，再倒入冷開水，一起攪打成帶有顆粒稠糊狀即可。

廚師爸爸的
溫馨小提醒

- 山藥富含蛋白質及黏質多糖，肉質味美營養豐富，是素食者攝取植物性蛋白質的上上之選。

- 山藥皮薄肉厚，所以外皮容易剝落，買回來後，若不立即料理或是要分數次料理，應將要保存的部分先用較柔軟的紙張或泡棉包好再放入冷藏。

PART 6

營養
蔬菜餐

青花椰菜泥

(10 餐量)

吃出寶寶的健康與體力

材料
青花菜 100 克、馬鈴薯泥 1/4 杯（作法請參見第 52 頁）

調味料 鹽 1/4 小匙

作法

1. 青花菜切取成小朵狀洗淨，菜梗的部分先削去老皮，再切薄片。
2. 取小煮鍋，加水 3 杯煮滾後，放入青花菜汆燙約 5 分鐘至軟。
3. 等到汆燙青花菜的水放涼後取 1/2 杯，和汆燙熟的青花菜及馬鈴薯泥一起打成帶有顆粒稠糊狀即可。

 廚師爸爸的
溫馨小提醒

- 青花菜就是綠花椰菜，富含多種營養，尤其維生素 C 含量極多，僅次於辣椒。寶寶常吃可促進生長，提高免疫力。

營養
蔬菜餐

玉米奶泥

(6 餐量)

強化體質、促進生長的蔬菜泥

材料
黃玉米 1 根、配方奶 1/2 杯

調味料 鹽少許、糖 1/4 小匙

作法

1. 玉米洗淨放入電鍋，外鍋加水 1 杯半蒸至熟透。
2. 用刀子切下玉米粒。
3. 玉米粒和配方奶及調味料一起打成帶有顆粒稠糊狀即可。

 廚師爸爸的
溫馨小提醒

- 若再多加些水或配方奶，並且再加熱拌煮均勻，湯汁會自然收濃變稠，就是大人小孩都愛的玉米濃湯。

爸媽第23問 10～12個月寶寶的素食副食品應如何料理？ 青花椰菜泥 玉米奶泥

121

我要的更多，為離乳做準備

營養
蔬菜餐

 奶油白花椰菜泥

餐量 ④

迷人的奶油香味，引動寶寶的食慾

材料
白花椰菜 200 克、日本白山藥 100 克、無鹽奶油 2 大匙

調味料 鹽 1/4 小匙

作法

1. 白花椰菜切取朵狀；並將粗菜梗削去老皮後切片，一同入滾水鍋中汆燙約 6 分鐘至軟，撈起，瀝乾。

2. 白山藥去皮，切片，入鍋蒸約 15 分鐘至熟，取出。

3. 將蒸好的白山藥片、奶油、鹽、汆燙好的白花椰菜和汆燙水 1 杯放入果汁機中一同打成顆粒狀即可。

🥣 廚師爸爸的
溫馨小提醒

• 市售的奶油有二種，一種是有添加了少許鹽分，另一種則沒有，要記得選購無鹽奶油。

營養
蔬菜餐

素蟹黃粉皮

餐量 ②

鮮美的橘黃汁，抓住寶寶流竄的目光

材料
Ⓐ 熟紅蘿蔔 50 克、鹹蛋黃 1/2 粒、亞麻仁油 1 大匙、素高湯 1/4 杯（作法請參見第 76 頁）
Ⓑ 粉皮 1 張（約 80 克）

調味料 鹽少許

作法

1. 先將材料 A 以攪拌機打勻呈泥糊狀，就是「素蟹黃糊」。

2. 粉皮切小丁，放入已煮開 2 杯水的小煮鍋中稍微汆燙一下。

3. 再將打好的「素蟹黃糊」和調味料一同煮開，淋在粉皮上即可。

 廚師爸爸的
溫馨小提醒

• 粉皮要選用綠豆粉做的，選購時要留意標示。由於粉皮本身已是熟軟，所以只要稍微汆燙即可。

全蛋料理

雪蓮子
黑燕蛋

杏鮑菇蛋

煎山茼蒿蛋

我要的更多，為離乳做準備

雪蓮子黑蒸蛋 ②餐量

蒸蛋加分版——清水換黑豆漿

材料
自製黑豆漿 1 杯、雞蛋 2 個、雪蓮子 20 克

作法

1. 雪蓮子加水半杯，一同入鍋蒸約 30 分鐘至熟，取出，瀝乾。

2. 將黑豆漿和打勻的蛋汁先拌勻，再加入已蒸熟的雪蓮子，移入鍋中蒸約 15～20 分鐘即可。

 廚師爸爸的
溫馨小提醒

- 自製黑豆漿：蒸熟黑豆以水約 1:3 入打勻即可。

- 選購雪蓮子以豆身大且飽滿，色澤呈淡黃、有堅果果實香味者為佳。保存時放入密封罐中，放置在乾燥陰涼、通風處，避免陽光照射；也可以擺放在冰箱冷藏，但要儘早食用完畢。

 杏鮑菇蛋 ②餐量

蒸蛋裝點版——多一點綠菠汁

材料
Ⓐ 杏鮑菇 30 克、蛋 2 個　水 3/4 杯
Ⓑ 菠菜汁 1/2 杯、鹽 1/4 小匙

作法

1. 杏鮑菇切丁，放入已預熱的烤箱中以用 190℃烘烤至乾煸，取出，放入蒸碗中。

2. 將蛋打勻後，加水拌勻，倒入蒸碗中，放入電鍋中蒸約 15～20 分鐘至熟即可。

 廚師爸爸的
溫馨小提醒

- 鍋蓋可放一根筷子來控制蒸氣大小。

- 可依寶寶的喜好調整水量來控制口感軟硬。

3. 將菠菜汁加熱至滾沸，熄火，加鹽調味。

4. 食用時，取用一餐量的杏鮑菇蛋，淋上適量的調味菠菜汁即可。

 煎山茼蒿蛋 ②餐量

膠質多、鈣也多

材料
雞蛋 3 個、白木耳 15 克、山茼蒿 1 小把（約 10 克）

調味料
鹽 1/2 小匙

作法

1. 白木耳洗淨，切丁。山茼蒿洗淨，切碎。

2. 取調理碗，放入白木耳丁、山茼蒿碎，並加入鹽調味。接著打入 3 顆蛋，一同打散並拌勻。

3. 將打散的蛋汁入鍋煎成蛋餅，並切塊盛盤就可以了。

最愛
水果餐

桂圓蜜枇杷

10
餐量

軟軟甜甜的水果煮，寶寶吃得好開懷

材料

枇杷 3 粒、桂圓肉 1/2 大匙、水 1 杯、紅糖 1/2 大匙

作法

1. 枇杷撕除外皮，並順著中心以刀劃一圈後，對半切開，去除籽，只留果肉。

2. 鍋中放入枇杷肉、桂圓肉、紅糖和水一起蜜煮約 20 分鐘至軟透即可。

 營養師的
溫馨小提醒

- 枇杷含有豐富的醣類、維生素 A、蘋果酸、檸檬酸、類胡蘿蔔素、鈣、磷、鉀等營養素。桂圓富含蛋白質、鉀、磷、鈣、鐵、維生素 A、維生素 C 等營養素。這道甜品有促進寶寶的食慾、維護寶寶的視力等效用。

最愛
水果餐

桂花冰糖水梨

10
餐量

軟軟甜甜的燉品保護寶寶的呼吸道

材料

水梨 1 顆（約 500 克）、冰糖 2 大匙、水 2 又 1/2 杯、桂花少許

作法

1. 水梨洗淨，削皮，去籽，切片。

2. 先將水梨片、冰糖、桂花放入小煮鍋或有附蓋的湯碗中，再加水，蓋上蓋子，放入電鍋中蒸約 15 ～ 20 分鐘至熟至軟透即可。

 廚師爸爸的
溫馨小提醒

- 這道水果燉品可以保護寶寶的呼吸道，尤其在氣候偏乾燥的秋冬時節，有潤肺止咳的作用，是傳承許久的家常食療方，但若寶寶喉內有痰，就不宜吃這道燉品。

- 先餵寶寶吃果肉，剩下的湯汁對水稀釋後，再餵給寶寶吃。

最愛
水果餐

椰香果泥

哈蜜瓜
奶昔

草莓奶汁

我要的更多，為離乳做準備

 椰香果泥 (10 餐量)

南洋風味的水果泥

材料

鳳梨釋迦 1 顆（約 300 克）、椰奶 2 大匙、黑糖 1 大匙、水 1/4 杯

作法

1. 鳳梨釋迦洗淨，削去外皮，切小塊（約剩 160 克），放入果汁機加水打成濃稠泥糊狀。
2. 椰奶和黑糖放入小煮鍋中加熱至溫熱，讓黑糖慢慢溶解。
3. 離火，再加入鳳梨釋迦果泥拌勻即可。

 廚師爸爸的
溫馨小提醒

- 因鳳梨釋迦肉質較軟故攪打時可不必打到全泥糊狀，可保留少許碎顆粒增加小朋友舌頭的壓擠能力。

 哈蜜瓜奶昔 (10 餐量)

全家大小一起享用的微冰甜品

材料

哈密瓜 1/4 個（約 250 克）、配方奶半杯（約 35 克）

作法

1. 哈密瓜去籽，削皮，切小塊，放入果汁機中。
2. 加入配方奶，打成濃稠泥糊狀即可。

 廚師爸爸的
溫馨小提醒

- 哈密瓜可用各種水份含量較高的水果取代。
- 這道水果料理適合全家大小一起享用。
- 12 個月以上可將配方奶換成冰淇淋。

草莓奶汁 (6 餐量)

酸酸甜甜的水果甜品

材料

草莓 100 克、煉奶 1 大匙、水 1/4 杯

作法

1. 草莓洗淨，去蒂。
2. 草莓和煉奶一起放入果汁機中攪打均勻即可。

 廚師爸爸的
溫馨小提醒

- 草莓帶點酸，加煉奶一起打汁，會更容易入口。也可將煉奶改成沖泡好的配方奶，一樣美味。

營養
小點心

 自製手工烤小饅頭餅乾
（10 餐量）

純天然自製的小點心，寶寶愛吃，爸媽安心

材料

日本太白粉 120 克、全蛋 1 個、砂糖 25 克、配方奶粉 15 克

作法

1. 取一鋼盆，先放入蛋和砂糖打均勻，再加入太白粉及配方奶粉揉成糰。

2. 取出蛋奶糰，搓成長條，分切成小塊。

3. 移入已預熱的烤箱中以 150℃烤約 15 分鐘至金黃香酥即可。

 廚師爸爸的
溫馨小提醒

• 此點心感覺很熟悉嗎？好像旺仔小饅頭？一點都沒錯，雖然是市售的點心小饅頭，也可以在家自己做，完全不用添加化學食材，就能做出寶寶愛吃的點心。

營養
小點心

 菠菜小饅頭餅乾
（10 餐量）

點心加入天然蔬果，美味又營養

材料

日本太白粉 130 克、全蛋 1 個、砂糖 25 克、奶粉 15 克、菠菜泥 1 大匙

作法

1. 取一鋼盆，先放入蛋和砂糖打均勻，再加入太白粉、奶粉和菠菜泥揉成糰。

2. 取出菠菜蛋奶糰，搓成長條，分切成小塊，再搓成小圓球。

3. 移入已預熱的烤箱中以 150℃烤約 15 分鐘至金黃香酥即可。

 **營養師的**
溫馨小提醒

• 這道點心是原味小饅頭的加料版，所添加的，除了菠菜汁，之前製作的各式蔬菜泥都可以拿來製作這道營養滿分的創意小饅頭（紅蘿蔔小饅頭等……）！

PART
6

爸媽第**23**問

10～12個月寶寶的素食副食品應如何料理？

手工烤小饅頭餅乾　菠菜小饅頭餅乾

131

吐司捲

法式
饅頭條

營養小點心

吐司捲

餐量 2

抓著吃的美味小點心

材料
紫地瓜泥 1 杯、吐司 2 片

作法
1. 吐司片放入塑膠袋中，壓扁。
2. 將紫地瓜泥搓長條狀，放在吐司片上，並捲成竹筒狀。
3. 將捲好的地瓜吐司捲入鍋乾煎至表層金黃香酥即可。

廚師爸爸的
溫馨小提醒

- 可做多一點，再分裝好冷凍，等到食用時才取出，以小火慢煎加熱即可。

- 這道點心方便寶寶抓著吃，其中的紫地瓜泥可以各種薯泥、芋泥和各種豆泥來替代。

營養小點心

法式饅頭條

餐量 2

奶香、蛋香、芝麻香 寶寶小嘴停不了

材料
饅頭 2 個、雞蛋 1 個、配方奶 1/2 杯、糖 1 大匙、黑芝麻粉 1 小匙、奶油少許

作法
1. 饅頭切成條狀。
2. 將雞蛋、配方奶、糖和黑芝麻粉打勻，再放入饅頭條浸泡 5 秒後立即取出。
3. 不沾鍋燒熱，放入奶油及饅頭條，煎酥表面即可盛出。

營養師的
溫馨小提醒

- 饅頭切成條，方便寶寶抓握與咬食。運用法式吐司的料理手法，將吐司換成國人愛吃的饅頭，口感與風味又有不同的趣味，爸爸媽媽們可以將這兩款互相變換，讓寶寶熟稔各種不同的滋味與口感。

培養**正確飲食**的關鍵期

—— 1 ～ 2 歲寶寶的素食副食品這樣吃最營養

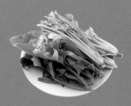

寶寶滿週歲了！從這時候開始，副食品其實已經不能再稱為副食品，因為寶寶的進食量和 10 ～ 12 個月時期比較起來已經增加 2 倍了。

而且從 1 歲開始，寶寶的吃飯時間應和家人的用餐時間一樣，才能培養三正餐的飲食習慣。但因為寶寶的胃容量仍然小，正餐進食的量不多，所以要搭配點心來補充；也因為乳牙仍在生長，仍應避免過硬與不易咀嚼以及難消化的食物，如：高纖維的筍類、牛蒡……等。

由於這個時期的寶寶活動量大，往往會因為玩樂而延誤用餐，或因不當點心補充導致正餐攝取量減少，所以這個階段是培養寶寶正確飲食習慣的關鍵期。

1～2歲寶寶的生理成長概況如何？對素食副食品有什麼樣需求？

寶寶的成長概況

前齒長齊了，後齒也開始長了！
——只不過許多寶寶仍習慣奶瓶的安撫，而易導致常見「奶瓶性齲齒」，因此戒掉對奶瓶習慣對於初長的乳牙保健很重要。而且長時期使用奶瓶會影響寶寶的發育，也會影響咀嚼能力。

雙手可以更穩的抓拿杯子——所以爸爸媽媽可以透過和寶寶用餐時給他專用的杯子，讓寶寶習慣餐具使用，也可以將寶寶喜愛的液態副食品盛裝於杯中，吸引寶寶使用興趣，一來漸漸戒掉用奶瓶的習慣，二來訓練寶寶的手眼協調能力和認知力，並且強化動作的機能發育。

寶寶的素食副食品需要更多的營養素與熱量

隨著營養需求的成長改變，這個階段的寶寶所需的營養素與熱量相對增加，在生命期營養上也由嬰兒期營養轉為幼兒期營養。幼兒期的寶寶不同於嬰兒期，寶寶的生長速率明顯趨緩，卻是骨骼、牙齒、肌肉以及生長發育的旺盛期，雖然體重增加趨緩，但身高抽長非常地明顯，所以這個時期最需要的營養素是蛋白質、鈣質、鐵質和維生素A等，每天熱量需求平均1250卡，蛋白質20克。而且要以均衡飲食為主軸，攝取六大類食物，搭配不同顏色食材與風味，增加幼兒對食物興趣。

寶寶副食品的料理不能太硬或顆粒太大

料理上，依然要避免刺激性和重口味的食物，而且每次在料理副食品時，都要將食材的大小粗細和軟硬調整到能讓前齒咬取的程度，讓寶寶能用牙齦或裡面的牙齒咬碎食物。雖然這時期的寶寶和大人的吃法幾乎相同了，但是因為咀嚼力還很小，不擅長因不同食物而調整咀嚼方法，所以食物不能太硬，或是顆粒過大狀的食物也要避免，如：毛豆、葡萄、櫻桃或花生、核桃等堅果類，不可直接給寶寶食用，以免噎到。

爸媽第25問

1～2歲寶寶的素食副食品的餵食份量與時間表應如何安排？

這個階段寶寶的飲食從奶類轉為一般食物為主，每日保持三餐主食的攝取之外，奶類的攝取仍要維持，以提供孩子充足的鈣質和優良蛋白質。

1～2歲寶寶一日餵食份量＆計畫表

六大類食物 提供營養素	全穀類 醣類 維生素B群	豆蛋類 優良蛋白質 維生素	蔬菜類 維生素礦物質 膳食纖維	水果類 維生素礦物質 膳食纖維	油脂類 必需質 脂肪酸	奶類 醣類、蛋白質 水份
副食品質地	軟質；避免纖維過粗及難消化食物					
食物選擇 一日建議 餵食量	米飯 澱粉根莖類： 地瓜、馬鈴薯、南瓜 **份量** 約1.5碗	蒸熟全蛋 豆製品：豆腐、豆包、豆漿 **份量** 一日約2份	深綠色蔬菜、深黃紅色蔬菜 **份量** 1份 （約100g）	香蕉、奇異果、蘋果、葡萄等 **份量** 1份（顆）	橄欖油 亞麻仁籽油、芝麻油 **份量** 1湯匙	母乳或配方奶或鮮奶 （乳製品） **份量** 2份 （240cc/次）

1～2歲菜單範例	早餐 07：00	法國吐司1片，搭配起司
	早點 10：00	豆漿或乳品1杯
	午餐 12：00	芥藍豆包燉飯1碗＋蘋果丁
	午點 15：00	玉米濃湯
	晚餐 18：00	絲瓜蛋花麵線＋木瓜丁
	晚點 21：00	奶酪1個

1～2歲寶寶的素食副食品
應如何料理？

副食品筆記

- 這時候的副食品以牙床咬含易糊碎的小顆粒狀，成品類似廣東粥般的軟質或細碎狀的食物為宜。
- 可以開始吃軟的飯和切剪成小段的麵條。
- 蔬菜類洗淨後，以小段、小丁或是碎片型態煮熟後再給寶寶吃。
- 這個階段蔬菜泥、果泥依然是很好應用來入菜的，在做某道食譜時，若使用量太少，可以一次多做一些，再分裝存放，就可以用蔬菜泥或果泥來為寶寶做口味上的變化。
- 除了果汁和果泥之外，軟質水果可以切成小丁給寶寶食用。
- 可以酌加調味，但依然要避免料理刺激性和重口味的食物。

廚師爸爸的
溫馨小提醒

同時料理、一起享用

在這個單元的料理，可以親子一同享用，每道料理完成後，只要取出寶寶所食用的量，剩下來的分量，爸爸媽媽或家人也可以一起吃。

自製美味醬料涼拌、淋、抹，或入菜，好吃又好應用！

由於寶寶可以和爸爸媽媽或其他家人一起用餐了，口味仍以原味的為優選，爸爸媽媽也可以自製一些美味醬汁，應用在涼拌、淋醬、抹醬，甚至是入菜料理，都相當實用且安心。

培養正確飲食的關鍵期

美味醬料

糙米醬

香椿醬

🥄糙米醬 / 素甜味醬

材料
糙米飯 1 杯、糖 2 大匙、無糖豆
漿 1/4 杯、花生醬 1 大匙

作法
所有材料放入果汁機中一同攪打
均勻即可。

🥄香椿醬 / 素鹹味醬

材料
香椿菜 150 克、油 1 杯、鹽 1 小
匙、薑末 1 大匙

作法
1. 香椿摘取葉片，去梗，洗淨，
   入鍋汆燙後，沖涼，瀝乾。
2. 將所有材料用果汁機攪打均
   勻即可。

美味醬料

香菇醬

豆干
甜麵醬

🍵 香菇醬 /
素中式鹹味醬

材料
乾香菇 1 杯（泡發約 2 杯量）、薑末
1 大匙、油 2 大匙

調味料
素烤肉醬 3 大匙、素沙茶醬 1 大匙、
水 1/4 杯、番茄醬 1 大匙、黑胡椒粒
少許、義大利綜合香料 2 小匙

作法
1. 乾香菇用水泡軟，剪去蒂頭，對
   半切後再攪打成碎粒狀。
2. 鍋燒熱，倒入油，先炒香薑米及
   香菇碎，再加入調味料，煮開後轉
   小火繼續燜煮約 5 分鐘即可。

🍵 豆干麵醬 /
素中式鹹味醬

材料
豆干 6 片（約 180 克）、甜麵醬
2 大匙、糖 1 大匙、香油 2 小匙、
番茄醬 1 大匙、水 1/2 杯

作法
1. 豆干洗淨，切小丁。
2. 鍋燒熱，倒入香油，再將甜
   麵醬及糖入鍋，用小火拌炒出
   香味。
3. 將水倒入鍋中，再倒入番茄
   醬，拌勻、煮開後，加入豆干
   丁，以小火煮 3 分鐘即可。

馬鈴薯白醬

起士醬

杏仁堅果醬

美味醬料

薯泥白醬 / 素西式鹹味醬

材料

馬鈴薯泥半杯（約 80 克）、日本白山藥半杯（約 70 克）、配方奶（或鮮奶）1/4 杯、鹽 1/2 小匙

作法

1. 山藥切片，入鍋蒸 10 分鐘至熟。
2. 所有材料放入果汁機中攪打均勻即可。

起士醬 / 素西式鹹味醬

材料

起士片 3 片（約 60 克）、香草冰淇淋 1 杯（約 60 克）

作法

1. 起士片撕小片狀。
2. 將所有材料放入鍋中，以中小火加熱，煮至起司片融化即可。

堅果醬 / 素西式鹹味醬

材料

杏仁條 1 杯（約 90 克）、花生 1/2 杯、醬油 1/4 小匙、玄米油 1/2 杯

作法

1. 烤箱先預熱至 160℃，放入杏仁條，烤約 10 ～ 12 分鐘，取出。
2. 接著放花生，烤約 15 ～ 20 分鐘，取出，去皮。
3. 將所有材料用攪拌機一同攪打成泥糊狀即可。

美味醬汁

🍵 蔓越莓多多醬 / 水果醬

材料
蔓越莓 1 杯、多多 1/4 杯（約半瓶）、煉乳 1 大匙

作法
所有材料一起攪打均勻即可。

🍵 季節果泥醬 / 水果醬

材料
蘋果 1 顆（約 150 克）、奇異果 2 粒、鳳梨 1/8 顆（約 150 克）、白砂糖 2 大匙

作法
1. 將材料中的水果分別去皮，且各將其 2/3 切塊，其餘的 1/3 切小丁。
2. 將切好的水果塊用攪拌機攪打成碎糊狀。
3. 鍋中放入水果糊及水果丁，並加入糖一同熬煮約 5 分鐘，使其變濃稠狀即可。

🍵 葡萄果醬 / 水果醬

材料
葡萄 1 斤

作法
1. 葡萄洗淨、瀝乾，帶皮放入鍋中，不加水，蓋上鍋蓋，以小火乾烘約 10 分鐘，熄火。
2. 打開鍋蓋，用湯匙按壓至果肉、果汁被擠壓出來，再加蓋，小火煮 10 分鐘，熄火。
3. 待涼後，倒入果汁機中攪打成泥糊即可。

主食料理

 蔬菜鬆餅

2
餐量

可以當主食，也可以當小點心

材料

蛋 1 個、糖 15 克、牛奶 25 克、奶油 15 克、低筋麵粉 60 克、泡打粉 1/4 小匙、菠菜泥 1 大匙

作法

1. 先將蛋、糖、牛奶、奶油、菠菜泥打勻，再加入過篩的麵粉及泡打粉，拌勻成麵糊。

2. 取出不沾鍋，燒熱後，倒入適量麵糊，煎至兩面金黃即可。

3. 食用時可淋上楓糖或吃原味皆可。

廚師爸爸的
溫馨小提醒

• 麵糊拌好後，確實密封好，再放入冰箱冷藏一個晚上，麵糊裡的所有成分就能完全融合，第二天取出靜置回溫後入鍋煎成的鬆餅會更綿密。

• 蔬菜泥可以更換為南瓜泥、高麗菜泥、紅蘿蔔泥……等來做變化。

南瓜焗烤貝殼麵

餐量 2

更天然更營養更好吃的義式焗烤麵

材料

貝殼義大利麵 1 杯 1/2、南瓜泥 1/4 杯、馬鈴薯泥 1/2 杯、起士粉少許

作法

1. 先將南瓜泥和馬鈴薯泥拌勻。

2. 煮一鍋水，沸騰後倒入貝殼義大利麵，滾煮至熟軟，撈起，瀝乾。

3. 先取 2/3 的南瓜馬鈴薯泥拌入已煮熟的貝殼麵中，拌勻後盛入烤皿。

4. 再將剩下 1/3 的南瓜馬鈴薯泥抹在貝殼麵上，並撒上起士粉。

5. 放入已預熱的烤箱中，以 190℃ 烤約 8 ～ 10 分鐘，使其表層酥黃上色即可。

廚師爸爸的

溫馨小提醒

- 用南瓜泥、馬鈴薯泥取代傳統白醬做的焗烤麵，更天然也更營養，適合寶寶吃，也適合全家共享。

- 貝殼麵可以用各種迷你的義大利造型麵、米麵來代替，煮熟後的麵體不會太大，方便寶寶咀嚼吞嚥。

主食料理

 燕麥餛飩

以穀物為內餡，餛飩變更美味

餐量 ②

材料
燕麥片 1/2 杯、生豆包丁 1/4 杯、白飯 1/4 杯、餛飩皮 12 張

調味料
醬油 1 大匙、香油 1/2 小匙、白醋 1 小匙

作法

1. 先將燕麥片、生豆包丁、白飯拌勻成餡料。

2. 取一張餛飩皮，放入適量的餡料，包裹成餛飩狀或雲吞狀，先置於平盤中，一一將餛飩包好。

3. 將包好的餛飩放入滾水鍋中，滾煮至熟，撈起，放入深盤中。

4. 調味料拌勻成醬汁。取適量淋在餛飩上，拌勻即可食用。

營養師的
溫馨小提醒

- 以燕麥片、白飯取代慣用的素肉拌成內餡，口感更好，且不用擔心化學添加物等黑心食品的問題。

- 燕麥所含的蛋白質是白米的一倍多，比麵粉高出三至四百分點。此外，燕麥還富含脂肪酸、維生素、礦物質，其維生素 A 的含量更是穀類糧食之首，同時燕麥也是良好的纖維質補充來源。

豆包茶樹
菇蓋飯

甜菜
蔬菜飯

主食料理

 豆包茶樹菇蓋飯　（2 餐量）

鮮嫩又軟Q的日式風味蓋飯

材料

豆包 1/2 片（約 30 克）、茶樹菇 10 克、薑末 1 小匙、雞蛋 1 個、白飯 1 碗、昆布高湯 3/4 杯（作法請參見第 76 頁）

調味料　黑胡椒粒 1/2 小匙、醬油 2 小匙、糖 1/2 小匙

作法

1. 豆包切絲。茶樹菇泡水至軟，瀝乾，切小段。
2. 鍋燒熱，加油 1 大匙，先放入薑末及茶樹菇炒香，再下豆包絲和調味料繼續炒至香味出來。
3. 接著倒入昆布高湯，煮至滾沸後，均勻地淋上蛋汁，不要急著攪拌，見蛋汁呈半凝固時，熄火，蓋上鍋蓋約 5 分鐘，待湯汁稍涼後，倒在白飯上即可。

廚師爸爸的
溫馨小提醒

• 蛋汁淋上後，不要急著攪拌，利用鍋內的高熱，讓蛋汁自然熟成，蛋花的口感就會鮮嫩無比。

主食料理

 甜菜蔬菜飯　（3 餐量）

富含維生素 B_{12} 的美味菜飯

材料

紅甜菜 1/4 顆、毛豆 1 大匙、高麗菜丁 10 克、蘑菇丁 10 克、紅蘿蔔丁 10 克、白飯 1 碗

調味料　鹽 1/4 小匙

作法

1. 紅甜菜去皮，切塊（約 1/2 杯），放入電鍋中蒸約 15 分鐘至熟，取出，待涼後，用攪拌機打成帶小顆粒的糊狀。
2. 將紅甜菜糊與毛豆、高麗菜丁、蘑菇丁、紅蘿蔔丁、白飯、鹽一同拌勻後，移入電鍋蒸約 10 分鐘，取出，拌勻，即可食用。

廚師爸爸的
溫馨小提醒

• 紅甜菜和胡蘿蔔相似，味道稍甜。紅甜菜中具有天然紅色維生素 B_{12} 及鐵質，不但補血也是素食者維生素 B_{12} 重要的來源。

香菇醬
義大利麵

豆皮香菇
冬粉

主食料理

豆皮香菇冬粉

餐量 ②

香香軟軟好咀嚼，素炒粉絲滋味多

材料

三角豆皮 30 克（約 3 片）、香菇 1 朵、紅蘿蔔絲 10 克、豆芽菜 10 克、薑片 10 克、冬粉 1/2 把、素高湯 1/2 杯、橄欖油 1/2 大匙

調味料　糖 1/2 小匙、醬油 1 大匙

作法

1. 豆皮切絲。香菇泡軟，切絲。冬粉泡軟，切小段。豆芽菜洗淨，瀝乾。

2. 鍋中倒入橄欖油，慢慢燒至溫熱，放入薑片慢慢炒至金黃酥香，再放入香菇、紅蘿蔔絲和豆皮絲炒至出香味。

3. 將已泡軟且切成小段的冬粉和豆芽菜放入鍋中，再倒入素高湯及調味料，慢慢拌炒至湯汁收乾即可。

廚師爸爸的 溫馨小提醒

• 選購冬粉要留意成分標示，最好選購 100% 純綠豆製成的。而且料理前用水泡軟，切小段，煮熟後，寶寶才不會因冬粉滑溜易吞嚥而噎到。

主食料理

香菇醬義大利麵

餐量 ①

有趣的造型麵，寶寶吃得好開心

材料

造型義大利麵 100 克、香菇醬 1/2 杯（作法請參見第 140 頁）、彩椒丁 1/4 杯

作法

1. 將造型義大利麵入滾水鍋中煮至熟軟，撈出，瀝乾。

2. 接著將彩椒丁放入剛剛煮麵的水鍋中汆燙一下，撈出，瀝乾。

3. 炒鍋中倒入香菇醬，以小火慢慢炒香後，再加入煮熟的造型義大利麵及汆燙過的彩椒丁，拌炒時若覺得太乾，可加入少許煮麵的水拌炒。將炒鍋內的所有材料都拌炒均勻後，即可熄火起鍋。

廚師爸爸的 溫馨小提醒

• 造型義大利麵有多種色彩與圖案，非常能吸引寶寶的目光，在食用的同時還可以透過趣味的對話，與寶寶有趣又開心的用餐。

主食料理

白桃蕎麥涼麵

餐量 **1**

香香的水果醬汁＋軟軟ＱＱ的冷麵條，寶寶粉愛唷

材料

蕎麥麵條 100 克

醬汁料 白桃小塊 1 杯、醬油 1.5 大匙、糖 1 大匙、冷開水 1/4 杯

作法

1. 將蕎麥麵條放入滾水鍋中煮至熟軟，撈出，用冷開水沖涼後，瀝乾，切小段。

2. 取出果汁機，放入醬汁料一起打勻成醬汁。

3. 將麵條盛於碗中，再淋上適量的醬汁即可。

 廚師爸爸的
温馨小提醒

- 寶寶的嘴巴不太耐熱，煮個涼麵給他吃，是不錯的選擇，但千萬要記得，麵條煮至熟軟、撈出瀝乾後，要用冷開水沖涼，並且要切小段，方便寶寶吃食。

- 涼麵醬汁加入水果，醬汁會有水果的香味，會讓整體的風味大大提升，也更營養！

主食料理

果泥吐司盒

餐量 **1**

寶寶手拿剛剛好，好咬好嚼好吞食

材料

自製果泥醬 1/2 杯、吐司 4 片

作法

1. 先將吐司的四邊硬皮切下。

2. 取一片切好的吐司，抹上果泥醬，再蓋上另一片吐司。

3. 用叉子或筷子將作法 2 的吐司的四個邊邊壓扁，使之密合，或使用壓模壓出造型即可。

 廚師爸爸的
温馨小提醒

- 這道料理方便寶寶拿著吃。只要將家中的水果攪打成泥，再配上吐司就能完成。簡單營養又安心。

小麥胚芽大阪燒 ③餐量

護腦、促進生長發育的美味蔬菜煎

材料

Ⓐ 低筋麵粉 1 杯、素高湯 1/2 杯、蛋 1 個、白山藥泥 1/4 杯

Ⓑ 小麥胚芽 1/4 杯、高麗菜丁 100 克、三色蔬菜丁 100 克

調味料

素烤肉醬 3 大匙、美乃滋 3 大匙、海苔粉少許

作法

1. 先將材料Ⓐ拌勻成糊狀，再加入材料Ⓑ拌勻。

2. 平底鍋抹上少許油，將拌好的蔬菜麵糊倒入鍋中，以中小火煎，邊煎邊用鏟子將邊緣收整成圓型，約煎 3～5 分鐘使底部定型，翻面，再煎至香酥後，起鍋盛盤。

3. 在煎好的大阪燒上先刷薄薄的烤肉醬，再擠上美乃滋，最後撒上海苔粉即可。

 廚師爸爸的
溫馨小提醒

• 麵糊入鍋煎時不要急著翻，否則容易煎得支離破碎、不成型。

• 小麥胚芽又稱麥芽粉，是小麥中營養價值最高的部分，富含維他命 E、B$_1$、蛋白質、礦物質等。

營養
蔬菜餐

椒鹽豆腸

富含維生素 B₁₂ 的美味菜飯

（1 餐量）

材料
豆腸 1 條（約 70 克）、鴻喜菇 40 克、香菜末 1 大匙、彩椒末 1 小匙

酥炸料
蛋 1 個、太白粉 1/2 杯

調味料
鹽 1/4 小匙、白胡椒粉少許、甘草粉少許

作法

1. 豆腸切小段。鴻喜菇切除尾端，也切小段。

2. 酥炸料先拌勻成「酥炸糊」，再放入切好的豆腸和鴻喜菇拌勻。

3. 鍋中加油，放入作法 2，用半煎炸的方式煎炸至酥黃，撈出，瀝乾油，先置於乾淨的廚房紙巾上，再一次吸油。

4. 將吸過油的豆腸與鴻喜菇盛於盤上，再撒上調味料和香菜末、彩椒末拌勻即可。

廚師爸爸的
溫馨小提醒

• 此菜炸好、撈出瀝乾油後，可先放入已預熱至 100℃ 的烤箱裡烘烤 5 分鐘，再取出，即可再多逼出麵衣所吸附的油脂，食用時可沾各種自製的鹹味醬來變化口味。

153

營養
蔬菜餐

醬燒豆包

紅燒烤麩

腐乳燒
麵筋

醬燒豆包

香濃甘醇的美味配菜

材料

豆包2片（約140克）、蘿蔓生菜70克、水1/2杯

調味料

素沙茶醬1大匙、糖1小匙、醬油2小匙

作法

1. 豆包切小塊。鍋中加油燒熱，再放入豆包塊，半煎炸至表面有些微酥黃，起鍋，瀝乾油，再置於乾淨的廚房紙巾上吸乾油。

2. 倒出鍋中油，放入調味料一同炒香，將水倒入，再將煎炸好的豆包塊倒回鍋中，拌勻，一同燒煮約5分鐘至入味，熄火。

3. 蘿蔓洗淨切小段，先入鍋汆燙後，撈起，瀝乾水分，盛放盤中，再放上燒煮好的豆包塊即可

 紅燒烤麩

加了健康概念的番茄，傳統烤麩更多味

材料

烤麩4塊（約110克）、香菇2朵、牛番茄1顆、小豆苗1把、薑片5克、玄米油1大匙、素高湯3/4杯

調味料

醬油膏1大匙、糖2小匙、番茄醬2大匙、白胡椒粉少許、香油1小匙

作法

1. 烤麩切小塊。香菇用水泡軟後，切下蒂頭，再對半切開。牛番茄洗淨，切小塊。

2. 將切好的烤麩與香菇入鍋用半煎炸的方式煎至兩面酥黃，起鍋，瀝乾油。

3. 另起鍋，倒入玄米油，先爆香薑片，再放入調味料及水，拌勻。

4. 將煎炸過的烤麩、香菇也倒入鍋中，並加入蕃茄塊，以小火燒煮約3分鐘至入味。

5. 小豆苗洗淨，切小段，放入滾水鍋中汆燙至熟，撈起，瀝乾水份，先盛入盤中，再盛放上燒煮好的紅燒烤麩即可。

 腐乳燒麵筋

懷念的傳統古早味

材料

麵筋2杯、杏鮑菇片30克、紅蘿蔔片15克、小黃瓜片20克、薑米1大匙、素高湯1/4杯、玄米油1大匙

調味料

醬豆腐乳1又1/2塊、米豆醬1大匙、糖1小匙

作法

1. 烤麵筋泡水至變軟，取出，擠乾水分。

2. 鍋中倒入玄米油，先爆香薑米，再放入調味料、素高湯、麵筋、杏鮑菇片、紅蘿蔔片和小黃瓜片，一同燒煮約3分鐘至入味即可。

營養
蔬菜餐

 薑香猴頭菇

4
餐量

香醇味美菇料理，護臟器、助消化

材料

猴頭菇 180 克（2 杯）、薑片 30 克、爆米花少許、九層塔 1 小把、辣椒片 5 克、水 2 大匙

調味料 醬油 1 大匙、冰糖 1 大匙

作法

1. 猴頭菇用鹽水浸泡 1 小時去除其淡淡的苦味，再擠乾水分，切滾刀塊。

2. 九層塔摘取嫩枝與葉片，洗淨。

3. 鍋中加油燒熱，放入猴頭菇塊及薑片，半煎炸至表面酥黃，起鍋，瀝乾油，再置於乾淨的廚房紙巾上吸乾油。

4. 倒出鍋中油，加入調味料及水煮滾，再放入猴頭菇、九層塔和辣椒片快拌炒幾下，盛入盤中，最後撒上爆米花即可。

 廚師爸爸的
溫馨小提醒

• 猴頭菇肉嫩、味香、鮮美可口，是中國傳統的名貴菜材。鮮菇品帶有淡淡的苦味，所以料理前一定要先泡鹽水去苦味。

營養
蔬菜餐

 百合雙耳

1
餐量

口感 Q 軟酥鬆，易咀嚼的營養配菜

材料

鮮百合 30 克、白果 10 克、黑木耳 50 克、白木耳 30 克、枸杞 5 克、薑片 10 克、玄米油 1 大匙

調味料 鹽 1/2 小匙、水 2 大匙、糖 1/2 小匙

作法

1. 將鮮百合分剝成一瓣瓣；黑木耳、白木耳分別切成丁片狀。

2. 再將百合瓣、黑木耳片、白木耳片、白果放入滾水鍋中汆燙至熟，撈起，瀝乾水分。

3. 另起熱，倒入玄米油，先爆香薑片，再放入調味料和汆燙過的蔬菜拌炒均勻即可。

營養
蔬菜餐

錫烤雙花

餐量 2

軟硬間些微落差，有助於寶寶的咀嚼練習

材料
水煮花生半杯（約 60 克）、青花椰菜 100 克、枸杞 1 小匙

調味料
鹽 1/4 小匙、奶油 1 大匙

作法
1. 將材料和調味料用錫箔紙包裹好。
2. 烤箱先預熱至 190℃，再將包入蔬菜的錫箔紙包放入烤箱中，烤約 12 ～ 15 分鐘至熟即可。

廚師爸爸的
溫馨小提醒

- 青花椰菜儘量切取花蕊的部分而且要切小朵一點，才容易烤得軟，寶寶就不會因為硬硬的口感而拒吃。也可以先用水煮至熟後再來錫烤，只是這樣香味與營養就不會那麼足。

營養
蔬菜餐

美乃滋烤白山藥

餐量 2

口感 Q 軟酥鬆，易咀嚼的營養配菜

材料
白山藥 200 克、味噌 1 大匙、美乃滋半杯、素香鬆少許

作法
1. 山藥洗淨，切片，浸泡在 90℃的熱水裡約 1 分鐘，去除黏汁後沖涼備用。
2. 將美乃滋、味噌先拌勻，擠在山藥片上，再移入已預熱的烤箱中，以 180℃烤上色。
3. 取出烤好的山藥片，再撒上素香鬆即可。

廚師爸爸的
溫馨小提醒

- 寶寶長大了，但腸胃還沒有那麼好，山藥要烤熟，所以記得切片時不要切太厚！

絲瓜煎蛋

魔鬼蛋

營養蛋料理

絲瓜煎蛋

2 餐量

C 多水多纖維多多，解熱消暑、保護皮膚

材料
Ⓐ 去皮絲瓜 1/4 條、白芝麻 1/2 小匙、花生粉 1 小匙、地瓜粉 3 大匙、水 2 大匙
Ⓑ 蛋 2 個

調味料　鹽 1/2 小匙、白胡椒粉少許

作法
1. 絲瓜切片，再將材料Ⓐ和調味料拌勻成「絲瓜糊」。
2. 鍋燒熱，加油少許，倒入絲瓜糊，用半煎炸的方式使其兩面酥黃，先盛出，置於乾淨的廚房紙巾上吸乾油。
3. 倒出鍋中油，均勻淋上已經打散的蛋汁，再放回絲瓜餅，煎至蛋汁凝固呈金黃後，即可起鍋，切小塊食用。

廚師爸爸的溫馨小提醒

• 絲瓜不要切太厚片，才能快速煎熟透，不熟的絲瓜含有植物黏液及木膠質，反而會刺激腸胃造成不適。

營養蛋料理

魔鬼蛋

2 餐量

加味加料多變化，水煮蛋大變身

材料
雞蛋 2 個、馬鈴薯泥 3/4 杯（約 150 克）

調味料　鹽 1/4 小匙、義大利綜合香料 1/4 小匙

作法
1. 雞蛋置於深碗中，加熱水，需淹過雞蛋，再移入電鍋蒸煮約 12 分鐘後，取出，待涼，剝殼後對半切開，取出蛋黃。
2. 將蛋黃壓碎，與馬鈴薯泥、調味料拌勻後，用擠花袋（或塑膠袋）回擠入煮熟的蛋白上即可。

廚師爸爸的溫馨小提醒

• 也可將水煮蛋先滷過，其蛋白部份會更有味。
• 可依個人喜好加入番茄醬或美乃滋（調味料中的鹽就不用再加）。

藍莓多多

焦糖香蕉片

最愛
水果餐

 ## 藍莓多多

（2餐量）

將新鮮水果加入寶寶最愛的多多裡

材料
藍莓 1/2 杯、多多（發酵乳）1 杯

作法
藍莓與多多放入果汁機中，打成濃稠泥糊狀即可。

營養師的 溫馨小提醒

• 藍莓屬莓果類，所含的營養成分相當豐富，而且因含有 15 種以上的花青素，因而具有許多天然的抗氧化物質，對視力的維護、記憶力的增進、免疫力的提升等等都有幫助，曾被美國「時代雜誌」（TIME）推薦為十大健康食品之一。

• 多多是許多人對發酵乳的暱稱，富含多種有機酸、蛋白質、鈣質、維生素及有益菌，營養價值更勝於牛乳。

最愛
水果餐

 ## 焦糖香蕉片

（2餐量）

香甜軟綿的加熱水果

材料
香蕉 1 根、白砂糖 2 大匙、奶油 1 大匙、配方奶 1/4 杯

作法
1. 香蕉剝去外皮，切圓片。
2. 取不沾平底鍋，放入香蕉圓片，先乾煎兩面至焦黃，先盛出。
3. 將奶油放入平底鍋中，使其融化後，將鍋子傾斜一邊，讓奶油集中在鍋緣，然後在此處加入白砂糖煮至融化。
4. 續煮至融化的白砂糖變成有點上焦糖色，加入配方奶，小火煮約 3 分鐘，使其化開。
5. 將煎好的香蕉片放回鍋中，然後輕晃鍋子，讓香蕉均勻沾裹焦糖醬即可起鍋，待溫度略涼後才給寶寶食用。

廚師爸爸的 溫馨小提醒

• 在製作奶油焦糖汁時，因份量不大，所以在奶油融化後，要將鍋子傾斜一邊，讓極少量的奶油集中後，才方便且成功製作。

最愛
水果餐

桑椹香橙凍

QQ軟軟的水果凍，寶寶超愛

①
餐量

材料

桑椹 3 粒（約 20 克）、柳丁 3 顆、水 1/4 杯、寒天粉 3 克

作法

1. 先將柳丁榨汁。桑椹洗淨、切碎。

2. 煮鍋中先放入寒天粉和水，拌勻，再倒入柳丁汁也拌勻後，開火，一同加熱煮滾，最後加入切碎的桑椹，熄火，拌勻。

3. 等煮好的桑椹香橙汁溫度降至不燙手時，倒入模型中，再移入冰箱冷藏定型即可。

廚師爸爸的
溫馨小提醒

• 桑椹富含蘋果酸、多種維生素和鐵質等，有益於視力、免疫力與血液的循環代謝等。選購時以深紫色且顆粒飽滿的為佳。

• 寒天是紅藻的萃取物，富含天然的食物纖維質、鈣、鐵等。

營養
小點心

堅果豆漿西谷米凍

美味又營養的水晶凍

④
餐量

材料

豆漿 1/4 杯、核桃 1/2 杯、水 1 杯、西谷米 1/2 杯（約 80 克）、
糖 1 大匙

作法

1. 鍋中加入 5 杯水，煮滾，倒入西谷米，繼續滾煮約 8 ～ 12 分鐘至熟透，倒出，瀝乾，先用冷水沖涼後，再用冷開水沖洗淨，瀝乾，加糖拌勻。

2. 核桃先汆燙、瀝乾，再放入已預熱的烤箱中，以 180℃烤約 7 ～ 8 分鐘至酥香，取出，與豆漿一同倒入攪拌機中打勻。

3. 將西谷米和核桃豆漿加在一起拌勻後，填入模型中，最後移入冰箱冷藏 1 個晚上使其定型即可。

廚師爸爸的
溫馨小提醒

• 豆漿被譽為「植物性牛奶」，雖然豆漿中的鈣含量低於牛奶，但鐵和維生 B 群素等含量則高於牛奶。

營養
小點心

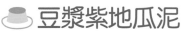
豆漿紫地瓜泥
(4 餐量)

營養豐富的紫色薯泥，護眼又有抵抗力

材料

豆漿 1/2 杯、紫地瓜 200 克（約 1 條）、美乃滋 2 大匙

作法

1. 紫地瓜洗淨，放入電鍋中，外鍋加水 2 杯，蒸煮約 30 分鐘
   至熟軟，取出，撕去外皮後，壓成碎塊狀。

2. 將豆漿、熟紫地瓜塊約 2 杯和美乃滋倒入果汁機中打勻即可。

營養師的
溫馨小提醒

• 紫地瓜俗稱為芋仔甘藷，屬地瓜的品種之一，除了有一般地瓜所
  富含的膳食纖維之外，還有胡蘿蔔素及多種維生素等營養成分，
  值得注意的是，紫地瓜更多了天然的抗氧化前驅物「花青素」。
  因此紫地瓜除了能幫助腸胃蠕動，還能保護眼睛，提升抵抗力！

營養
小點心

堅果活力豆漿
(4 餐量)

維持寶寶十足的活力，就是這一杯

材料

黃豆 1 杯、腰果 1/2 杯（約 60 克）、水 2 杯、糖 1 大匙

作法

1. 黃豆加水蓋過，放入電鍋中，外鍋加入 1 杯半的水，蒸煮至
   熟，取出。

2. 腰果放入已預熱的烤箱中，以用 160℃烤約 10 ～ 12 分鐘至
   酥香，取出。

3. 當黃豆變得溫熱時，倒入果汁機中，再加入腰果、水和糖，
   一同攪打成泥糊狀即可。

廚師爸爸的
溫馨小提醒

• 先將黃豆煮熟，再和腰果一起打成漿，整粒黃豆都不浪費，也更
  能吃進黃豆的所富含的營養，而且味道更綿密，完全沒有渣渣感，
  又可省去濾渣的動作。

營養的
小點心

焗烤
青豆饅頭片

南瓜
小蒸糕

南瓜
籽薄餅

焗烤青豆饅頭片

4 餐量

中西混搭風，簡單又美味的寶寶素披薩

材料
饅頭 1 個、青豆馬鈴薯泥半杯（作法請
參見第 88 頁）、起司絲半杯

作法
1. 饅頭切片，起司片切條。

2. 將青豆馬鈴薯泥抹在切好的饅頭片
上，再鋪上起司條。

3. 烤箱先預熱至 180℃，將作法 2 移
入烤箱中，烤至起司條融化、上色，
取出，即成寶寶的美味小點心。

南瓜小蒸糕

4 餐量

營養豐富、鬆綿好入口的小糕點

材料
Ⓐ 蛋黃 20 克、糖 6 克、牛奶 8 克、玄
米油 10 克、低筋麵粉 20 克、泡打
粉 1 克
Ⓑ 蛋白 40 克、糖 24 克
Ⓒ 南瓜泥 50 克

作法
1. 先將材料Ⓐ中的蛋黃、糖、牛奶打
勻，再加入過篩的低筋麵粉及泡打
粉，用刮刀拌勻，最後加入玄米油拌
勻。

2. 將材料Ⓑ的蛋白分 3 次加糖打至濕性
發泡後，再倒入作法 ❶ 一同拌勻後，
倒入蛋糕模型中。

3. 將南瓜泥加入蛋糕糊中，移入電鍋蒸
約 15 ～ 20 分鐘即可。

廚師爸爸的
溫馨小提醒

• 吃不完蒸糕可以先放進箱冷凍後，切片
分裝，等到下次要吃時，再取出回溫，
入鍋乾煎或烤香皆可。

南瓜籽薄餅

4 餐量

自製手工小薄餅，營養健康零負擔

材料
奶油 20 克、糖 40 克、蛋白 2 個、高
筋麵粉 50 克、低筋麵粉 50 克、南瓜籽
20 克

作法
1. 奶油置於室溫變軟後，加糖拌勻，
再將蛋白分次加入、打勻。

2. 將高筋麵粉與低筋麵粉一同過篩，
加入奶油蛋白糊中，用刮刀拌勻。

3. 烤盤用少許油均勻抹上，再將作法 2
抹成長條狀均勻撒上切碎的南瓜籽。

4. 烤箱先預熱至 160℃，將作法 3 移
入烤箱中，烤約 10 ～ 12 分鐘，取
出即可食用。

寶寶**生病時**的飲食照護

　　寶寶從呱呱落地那刻起，就被父母捧在手心中，尤其現在少子化，每個寶寶更是寶貝。

　　人類是吃五穀雜糧的，難免生病，寶寶自然也不例外，只是因為寶寶還不會說話，只能用哭來表達自己的不舒服，所以父母平日在照顧上就要懂得觀察寶寶的各種生理反應，好確實掌握寶寶的健康狀況。

寶寶感冒發燒怎麼辦？

新生寶寶的抵抗力本就比較弱，尤其是 6 個月以後，來自媽媽母體的抗體逐漸消失，免疫力開始不足，於是各種病毒容易入侵，因此 6 個月以後的寶寶感染到季節性流感病毒的機率相對較高。

感冒，是一般人經常感到不舒服的原因，對於寶寶而言，更是最常發生的疾病。通常感冒會有——流鼻水、鼻塞、打噴嚏、咳嗽、呼吸不順暢、食慾減低、睡不安穩等不適症狀出現，導致寶寶更易哭鬧，所以若是寶寶出現流鼻涕、咳嗽、發燒或不明原因哭鬧等，應小心觀察、記錄，並儘快帶寶寶去看醫生，再加上生活和飲食的照護，才能幫助寶寶早日和感冒說 Bye-Bye、恢復健康。

寶寶生病時更需要補充營養。

感冒的症狀

流鼻水、鼻塞、打噴嚏、咳嗽、喉嚨痛、發燒、食欲降低、煩躁不安和無端哭鬧且睡不安穩。

寶寶感冒時的生活照護

❶ 多休息

讓寶寶好好休息，減少外出。

❷ 保持室內的濕度和溫度

寶寶感冒時，許多人留意的大多在溫度的制度，往往忽略了足夠的濕氣其實是可以有效地減除呼吸不適的症狀，而且在濕度高的環境下，病菌的活動力會減弱，傳染力便會隨之減低，因此可以寶寶的房間內用加濕器或濕毛巾來增加室內的濕度，保持空間的濕度在 70% 為最理想，讓寶寶在睡眠時的呼吸就可以更順暢。至於室內的溫度則應保持在 18℃～ 20℃，過高的室溫會令身體對寒冷的抵抗力減弱，

❸ 幫寶寶清鼻子

爸媽們應隨時留意寶寶的鼻塞狀況，試著用吸鼻器或以溫熱毛巾幫寶寶敷鼻子後以棉花棒將鼻涕沾出，幫寶寶緩解不適的症狀。

寶寶感冒時的飲食照護

❶ 多喝水

寶寶感冒時胃口會受到影響，尤其感冒若較為嚴重食慾更是會明顯減退，爸爸媽媽見狀便會中心生焦慮會，其實一般感冒所引發的食慾減退並不會持續太長，雖然可能會讓孩子消瘦，但還不至於造成營養不良，不必太過擔心。

比較需特別注意的反而是感冒過程中的發燒、嘔吐、腹瀉等不適症狀容易讓寶寶喪失過多水分，加上進食量少以致有脫水的危險，尤其年齡越小的嬰兒更要注意隨時補充水分，而且充足的水分還可以使鼻腔分泌物稀薄些，讓感冒病毒儘快代謝掉。

日常飲食中，除了白開水、母乳、配方乳，爸媽們可以準備一些果汁、湯類或孩子喜歡的飲料，這些都是水分的補充，同時要溫柔的鼓勵寶寶飲用，若寶寶堅持不喝也不必強迫，勉強會讓孩子哭鬧、嘔吐，產生反效果。也不必在寶寶入睡後還刻意叫醒他喝水，如此反而干擾寶寶睡眠。

水分的補充是否足夠？爸媽們可以由寶寶小便的次數與量來評估——小於1歲的嬰兒在正常情況下每 1～2 小時應當會解尿一次，1 歲以上的幼兒則大約每 3 小時排尿一次，年紀越大次數越少，若是發覺寶寶的小便量明顯減少、顏色轉為深濃，或持續嘔吐，就有脫水的疑慮必須儘速就醫。

❷ 副食品要清淡、多 C 且易消化

感冒時寶寶的飲食要清淡，提供質地軟質易消化的食物以及維生素 C 豐富的水果。副食品在製作時可將濃度調稀，溫度也不要過冷或過熱（比沖泡奶品的溫度再低一些），比較適合給感冒中的寶寶食用。

❸ 配方奶和副食品要少量多餐

感冒中的寶寶胃口會變差，因此餵食的方法要改變，不論是提供母乳、配方奶或是副食品，都應以少量多餐為主，並以哄誘取代強迫，以補充寶寶生病時所需的水分與營養。

營養師的 溫馨小提醒

寶寶生病吃不下時怎麼辦？

- 寶寶生病是爸媽最擔心緊張時候，不同月齡的孩子，攝取方式也不一樣。6 個月以下的寶寶建議仍以母奶或配方奶為主再多補充水分，6 個月以上的寶寶若是已經習慣副食品，可以用香菇、豆腐做成粥或高湯，補充寶寶的基本營養需求。

寶寶過敏怎麼辦？

寶寶的過敏是許多父母擔心害怕的健康問題，到底造成寶寶過敏的原因有哪些？

寶寶為什麼會過敏？

「遺傳」是寶寶過敏的主要原因。父母當中只要有 1 人是過敏體質，寶寶就有 1/3 的機率也會有過敏體質，若父母兩人都是過敏體質，則大部分的孩子也會遺傳到。

過敏性體質的寶寶在出生後 6 個月內，受到環境中致敏因素誘發，就會在體內形成過敏性的免疫防禦機轉，而環境中的過敏原若沒有改善並降低，就會誘發寶寶產生過敏。

誘發過敏的過敏原有那些？

❶ 食物性過敏原

經由消化道進入體內造成過敏，像是蛋、花生或牛奶。

❷ 環境接觸與吸入性過敏原

存在空氣或環境中，藉由呼吸道或皮膚接觸而產生過敏，如塵蟎、動物毛皮、黴菌、化學用品以及花粉等。

❸ 藥物性的過敏原

因為口服藥物或注射引起身體過敏反應。

過敏症狀有那些？

❶ 氣喘

慢性咳嗽、呼吸困難、胸悶和哮喘……等都是主要症狀。

❷ 過敏性皮膚炎

身體各處出現紅色小丘疹。

❸ 過敏性鼻炎

早晨不斷流鼻水、打噴嚏、鼻塞、揉眼睛，最明顯的就是有黑眼圈。

❹ 過敏性結膜炎

會有眼睛紅、眼睛癢和灼熱感等症狀。

❺ 過敏性腸胃炎

因為食物導致的過敏，噁心、嘔吐、腹痛和腹瀉是主要症狀。

過敏寶寶的生活照顧

❶ 找出過敏源

若寶寶有過敏現象應積極觀察偵測過敏來源並避免與過敏源接觸。

❷ 不要太潮濕

避免環境過於潮濕，維持濕度在 50 ～ 60％之間，空間太潮濕容易導致黴菌滋生，可開除濕機控制濕度。

❸ 留意家中落塵

應定時清潔居家環境，減少家中落塵量。

❹ 留意空氣品

維持居家環境空氣品質，冷氣機濾網要定期清洗。

❺ 寢具要乾淨防塵

寢具應使用防塵套或是時常更換清洗。（每 1 ～ 2 週將寢具浸泡 20 ～ 30 分鐘的熱水後，再以一般方式洗滌。）

❻ 添加空氣清淨機

家中有二手煙暴露、或粉塵多，可使用空氣清淨機。

❼ 讓寶寶由內而外都能平和愉快

生活規律、飲食均衡，保持心情愉快就能增強免疫力，強化體質，減少過敏發生。

過敏寶寶的飲食照顧

❶ 最好以母乳哺育，4 個月大開始提供副食品

從出生開始，母乳就是寶寶預防過敏的最佳食物了，寶寶成長至 4 ～ 6 個月大，仍應開始提供副食品。而且最晚也不宜晚過 7 個月。

❷ 若用配方奶哺育應選用特殊配方

由於寶寶的腸道滲透性較高，本身又無法分泌免疫球蛋白，食物中的過敏原就很容易經由腸道進入體內，所以可以改喝水解蛋白嬰兒奶粉，並且副食品的添加，6 個月後每週逐步增加一樣過敏寶寶的飲食照顧，建議從米粉、米粥等米製品開始。

❸ 避免給寶寶容易引發過敏的食物

如巧克力、花生、豆類和芥菜等容易誘發過敏的食物，嬰幼兒階段應先儘量避免。

❹ 多補充抗氧化食物

尤其是富含維生素 C 的食物，並且適當補充微量元素、不飽和脂肪酸，都能有效減少身體過敏的發炎機制，並且少吃寒性和生冷的食物。

❺ 減少食用人工合成食物

選購時以原色原樣的天然食材為首選，若有外包裝，更要留意標示，加有化學添加物或人工色素的食材應避免選購，就能幫寶寶去除攝取到人工合成食物的危機。

寶寶拉肚子怎麼辦？

寶寶成長過程中，或多或少都有些腹瀉的症狀發生，要知道寶寶怎麼會拉肚子，首先應了解「腹瀉」的定義，要知道「拉肚子」，並不是單指解稀便、解水便而已，當然更不可輕易就與「腸炎」畫上等號。

如何判定寶寶是否拉肚子了？

所謂的「腹瀉」，必須是和寶寶原本相當固定的大便形式、次數來做比較，若所含水份增多，而且帶有黏液或顏色有所改變，大便次數也較平常增加就。

餵母奶或配方奶的小寶寶，大便往往相當稀水而且帶點酸味，顏色大都呈現漂亮的黃色，大便次數一天約 3～5 次。只要寶寶能吃、能玩、能睡，臉色紅潤、表情正常，體重又能穩定增加，那麼這樣的大便型式對這個寶寶而言，便是正常，不算腹瀉。

寶寶為什麼會拉肚子了？

引起嬰幼兒腹瀉原因很多，其中急性腹瀉多數屬於急性腸炎，也有不少是受病毒或細菌感染而引發。每年 6～9 月及 10 月至次年 1 月是寶寶腹瀉的好發期。夏季腹瀉通常是由細菌感染所致，多為黏液便，具有腥臭味；秋季腹瀉多由輪狀病毒引起，以稀水樣或稀糊便多見，但無腥臭味。

通常因細菌或病毒所引發的腸炎大部分是經口進入，但有些像是細支氣管炎的病毒感染也會併發腹瀉。此外，在 6～11 個月大的嬰幼兒長牙期間，由於胃腸免疫系統較差，加上這時期的寶寶又喜歡亂咬東西或伸手入口，往往在不知不覺中吃到細菌或病毒感染的物品，所以也容易得到腸炎而致腹瀉。

寶寶拉肚子時的生活照護

❶ 要更細心呵護小屁屁

因為肛門不斷被刺激而紅腫發炎，因此每次排便後要用溫水清洗屁屁，也要勤換尿布，以免造成尿路或膀胱發炎等。

❷ 要注意飲食衛生安全

媽媽的雙手要常保清潔，寶寶的餐具、水杯、奶瓶和奶嘴要每天煮沸消毒。食物要新鮮和乾淨，以免病從口入。

寶寶拉肚子時的飲食照護

❶ 補充適量水分

寶寶拉肚子時應補充適量的水分。若是喝母乳的寶寶應繼續哺餵，若是寶寶是以配方奶為主的月齡孩子，在腹瀉這段期間，建議將奶粉的濃度減半。大一點的寶寶，輕微的腹瀉可以補充適量的開水、蔬菜清湯及素高湯，或是可以稀米湯加少許鹽當作營養的補充。若是寶寶腹瀉情況嚴重，應盡快送醫。

❷ 補充電解質

市售的運動飲料，都可使用；但因其含糖成份及滲透壓都太高，較不符合世界衛生組織推薦的電解質，因此較小幼兒使用時，可給予對半加水；或者是選用醫療專用的口服電解質液，其成份較合乎生理需求，也可以做為處理腹瀉的好幫手。

❸ 調整飲食狀況

先禁食一餐，讓寶寶腸胃休息，之後用「半奶」餵食，所謂「半奶」就是「全奶」一半的濃度。少量多餐，每日至少進食 6 次。已經吃副食品的寶寶儘量給與稀米粥、新鮮水果汁或果泥，高纖蔬果先暫時減少餵食，即使腹瀉症狀緩解了，也不可立刻恢復之前的飲食，要漸進式的慢慢調整回來。

稀米湯加少許鹽當作營養的補充。

 營養師的溫馨小提醒

新生兒的便便有點水

• 嬰兒期的小寶寶在滿月之前，由於消化功能還沒有十分成熟，尤其對於脂肪及乳糖的消化能力尚差，因此不管餵食何種奶水，寶寶的大便幾乎都是糊糊水水的，一直要到數週之後，大便才會逐漸成型，這就是所謂的「收屎」。

寶寶便秘怎麼辦？

便祕是嬰幼兒常見的症狀，因為寶寶以奶類為主食，纖維量攝取較少，或是水分補充不足，換奶或是開始攝取副食品，導致排便次數少，糞便也較硬，而且有排便困難現象。

通常寶寶便秘可分為「功能性便秘」與「先天性腸道畸形的便秘」，前者透過調理可改善，後者就必須經由外科手術治療了。

如何判定寶寶是否便秘了？

一般而言，當解便時必須用很大的力氣，感覺肛門口的糞便硬得像石頭，或是好幾天沒有解便，我們都知道這種情況就是「便秘」。

然而對腸胃發育還沒成熟、排便不順也無法以言語表達的嬰幼兒來說，要如何才能確定寶寶是否便秘了？──爸媽可以對照寶寶出生後的排便習慣，再從寶寶排便的次數、軟硬度和顏色來判別是最好也最簡單的方法，如果發現寶寶大便的次數變得比平時少、顏色變深，或是從糊狀變得形狀較完整，甚至變得較粗、較硬，都可能是便秘了。

此外若是出現以下狀況，也是寶寶便秘的症兆，應求助於專業醫生──

- 排便每天少於一次，且糞便乾硬如石頭狀。
- 排便時臉會脹紅，腳會縮向腹部，有的甚至糞便表面有出現血絲。
- 腹部有脹氣，感覺不適。

便秘會讓孩子很不舒服。

膳食纖維可改善便秘的情形。

寶寶便秘時的生活和飲食照顧

❶ 便秘時的生活照護：養成寶寶定時排便的習慣

要還在襁褓中的寶寶養成排便的習慣，對爸媽來說可能會覺得是天方夜譚，其實只要用點心，在寶寶成長到 3～4 個月時就可以開始誘導寶寶是養成定時排便的好習慣。

首先在寶寶還不會坐的時候，可以觀察他的排便的習慣，在差不多要排便時，爸媽可以以順時鐘按摩寶寶的肚子，引導他發出「嗯～」的聲音，幫助孩子肚子用力，久而久之寶寶會知道這個時間和這個動作，就是該大便了。

到了寶寶 9～10 個月大，大便開始變得比較硬，需要確實的放鬆外括約肌才能解便，大便時可能會遇到一些困難，爸媽自己在上大號時，可以讓寶寶在旁邊坐小馬桶，讓他慢慢習慣坐著上大號。或是在差不多要大便時，讓寶寶包著尿布，抱著孩子讓他像是坐在馬桶上大便一樣做屈膝的動作，這種姿勢肛門括約肌比較容易放鬆，慢慢的，寶寶他就知道做這個動作就是要便便了。

❷ 便秘時的飲食照護：多補充水分和膳食纖維

若是以奶類為主食的月齡寶寶有便秘的現象，則應減少奶量或稀釋奶量，並且要大量補充水分和蔬果汁。

若是開始以固體食物為主食的寶寶，除了要多補充水分，也要提供豐富的膳食纖維，尤其是香蕉、地瓜、蘋果特別適合，此外，優格也有助於緩解便秘。

固定時間便便也可以改善變祕。

0-24個月素食寶寶副食品營養全書[暢銷修訂版]

作　　者／楊忠偉、陳開湧、
　　　　　楊惠貞、林志哲
選　　書／林小鈴
主　　編／陳雯琪
特約主編／廖雁昭

行銷企畫／洪沛澤
行銷副理／王維君
業務經理／羅越華
總 編 輯／林小鈴
發 行 人／何飛鵬
出　　版／新手父母出版
　　　　　城邦文化事業股份有限公司
　　　　　台北市中山區民生東路二段 141 號 8 樓
　　　　　電話：(02) 2500-7008　傳真：(02) 2502-7676
　　　　　E-mail：bwp.service@cite.com.tw
發　　行／英屬蓋曼群島商家庭傳媒股份有限公司城邦分公司
　　　　　台北市中山區民生東路二段 141 號 11 樓
　　　　　讀者服務專線：02-2500-7718；02-2500-7719
　　　　　24 小時傳真服務：02-2500-1900；02-2500-1991
　　　　　讀者服務信箱 E-mail：service@readingclub.com.tw
　　　　　劃撥帳號：19863813
　　　　　戶名：書虫股份有限公司

香港發行所／城邦（香港）出版集團有限公司
　　　　　　香港灣仔駱克道 193 號東超商業中心 1F
　　　　　　電話：(852) 2508-6231　傳真：(852) 2578-9337
　　　　　　E-mail：hkcite@biznetvigator.com
馬新發行所／城邦（馬新）出版集團 Cite(M) Sdn. Bhd. (458372 U)
　　　　　　11, Jalan 30D/146, Desa Tasik, Sungai Besi, 57000 Kuala Lumpur, Malaysia.
　　　　　　電話：(603) 90563833　傳真：(603) 90562833

攝影／林宗億
封面、版面設計／徐思文
內頁排版、插圖／徐思文
製版印刷／卡樂彩色製版印刷有限公司

2021 年 9 月 16 日　　3 版 1 刷　　　　　　　　　　Printed in Taiwan
定價 480 元
ISBN　978-626-7008-05-8

0-24 個月素食寶寶副食品營養全書暢銷修訂版 / 楊忠
偉, 陳開湧, 楊惠貞, 林志哲著 . -- 3 版 . -- 臺北市：新
手父母出版, 城邦文化事業股份有限公司出版：英屬
蓋曼群島商家庭傳媒股份有限公司城邦分公司發行,
2021.10
　　面；　　公分 . -- (育兒通；SR0077Y)
ISBN 978-626-7008-05-8(平裝)
1. 育兒 2. 小兒營養 3. 素食食譜
　428.3　　　　　　　　　　　　　　　　110013592

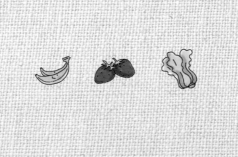

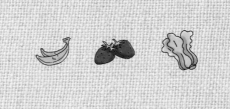